The Transition Stage and Process Regulation of
Dark-photo Biohydrogen Production

# 暗-光联合生物制氢过渡态
# 及其过程调控

李亚猛　著

U0243619

化学工业出版社
·北京·

## 内容简介

本书从理论和技术层面介绍了暗-光联合生物制氢过渡态及其过程调控，分别对联合发酵中暗发酵阶段的工艺、光合产氢菌生长及产氢动力学特性、暗-光联合生物制氢过渡态特性及调控强化机制等内容进行了阐述，系统介绍了生物发酵制氢研究现状，从单因素优化到多因素交互优化，再到灰色预测模型，重点分析了暗-光联合生物制氢耦合特性，并从宏观和微观的角度对暗-光联合生物制氢进行了分析。

本书可供可再生能源领域相关研究人员和工程技术人员阅读，还可供高等院校相关专业师生参考使用。

**图书在版编目（CIP）数据**

暗-光联合生物制氢过渡态及其过程调控 / 李亚猛著 . —北京：化学工业出版社，2023.10
ISBN 978-7-122-43772-3

Ⅰ.①暗… Ⅱ.①李… Ⅲ.①发酵工程-应用-制氢-研究 Ⅳ.① TE624.4

中国国家版本馆 CIP 数据核字（2023）第 125054 号

责任编辑：刘 军 孙高洁
文字编辑：李娇娇
责任校对：宋 玮
装帧设计：王晓宇

出版发行：化学工业出版社
　　　　　（北京市东城区青年湖南街13号 邮政编码100011）
印　　装：北京建宏印刷有限公司
710mm×1000mm 1/16 印张9½ 字数161千字
2023年10月北京第1版第1次印刷

购书咨询：010-64518888 售后服务：010-64518899
网　　址：http://www.cip.com.cn
凡购买本书，如有缺损质量问题，本社销售中心负责调换。

定　价：88.00元　　　　　　　版权所有　违者必究

# 前言

在实现"碳达峰碳中和"的过程中，能源密度高、燃烧清洁的氢能源被认为是最理想的能源，目前受到越来越多的关注。在制氢的方法中，生物发酵制氢方法因不消耗化石能源、运行环境温和、原料来源广等，成为研究的热点。随着"双碳"政策推进，国家在氢能源的开发上投入了大量的资金，以期提高我国能源消耗结构中氢能源的占有比例，使其成为我国未来能源供应系统中的支柱。

作者及其研究团队在国家高技术研究发展计划（863计划）及国家自然科学基金项目等的资助下，长期开展暗发酵生物制氢、光合生物制氢和暗-光联合生物制氢技术与机理的相关研究。在基于农业废弃物厌氧发酵生物制氢及生物制氢体系的能质传输特性等领域取得一系列创新性科研成果。作者及其研究团队在暗-光联合生物制氢过程调控技术、热物理特性分析、降解机制分析和高效反应器研制等方面进行了系统研究，发表了数十篇高质量研究性论文，并获得了多项国家发明专利，研究成果对该领域的生物制氢技术的进一步发展有着积极推动作用。

本书是对暗-光联合生物制氢过渡态及其调控等研究成果的系统性总结。全书共分5章，比较全面地从理论、技术方面分析暗-光联合生物制氢过程的调控机理。第1章详细列举生物制氢领域的研究进展。第2章介绍了暗-光联合生物制氢过程中暗发酵过程特性及调控技术。第3章分析了暗-光联合生物制氢过程中光合生物制氢特性及其调控技术。第4章分析了暗-光联合生物制氢过渡态特性及其调控。第5章分析了暗-光联合生物制氢过渡态强化过程。

张全国教授和张志萍教授审读全文，提出了很多宝贵的意见。农业农村部可再生能源新材料与装备重点实验室的博士生张甜、朱胜楠和硕士生范小妮、艾福柯、焦映钢及本科生汤云鹏、湖海湾、耿一凡、吴泽腾、吴晨阳等也为本书的完成付出了辛勤的劳动，这里一并表示衷心的感谢。

希望本书能为可再生能源领域的研究工作者提供理论和技术上的帮助。由于作者水平有限，书中难免存在不足和疏漏，敬请广大读者批评指正。

李亚猛

2023 年 5 月

# 目录

# 第**1**章

# 绪论

## 1.1 氢能源

　　能源和环境问题一直是世界各国需要面对的重大问题。能源问题是人类生存发展对能源的需求与现有的能源资源日益减少的矛盾所导致的。能源问题关系着国家机构的正常运行、人类的生存发展和社会的稳定。国民经济的提升离不开能源的消耗，公民的人均能耗往往会影响一个国家的发展水平。环境问题一般指人类的自然生活对周围环境的生态引起的变化，同时生态环境会对人类活动作出相应的反馈，两者不断相互作用。在目前的能源消耗结构中，化石能源仍处于重要的地位，每年的化石能源消耗均在增长。2018年，世界一次能源消费总量达到143.01亿吨油当量，石油占消耗总量的主要部分，占比为31%，煤炭位列第二，占比26%，位列第三的是天然气，占比为23%，三者合计占2018年世界一次能源消费总量的80%；在所有的能源中，天然气的消费增长速率最大，其次为石油的消费增长速率，分别为4.6%和1.3%[1]。化石能源燃烧产生的污染物（如$CO_2$、$SO_2$、$NO_x$、飞灰和其他化合物）是全球变暖、光化学烟雾和雾霾的主要元凶[2]。随着社会的发展，能源的消耗量会逐渐增加，而化石能源储存量是有限的，为了解决化石能源短缺和环境问题，寻求开发可再生能源是唯一的途径。

　　人类把目前的能源按照形式分为一次能源和二次能源，在自然界已经存在的，如石油、煤炭、页岩气等，称为一次能源，也称为天然能源。而像蒸汽、电能和汽油等石油制品经过人类加工后方可使用的能源为二次能源。另外，如"电能"根据能源的载体形式可以称为"过程性能源"，柴油、汽油可称为"含能体能源"等[2]。氢能是一种易可再生的"含能体能源",其能量密度达到122kJ/g,是一种高含能的能量载体,是同等质量焦炭和汽油等化石能源热值的3～4倍[2],通过燃料电池可实现综合转化效率90%以上。氢能可以把不同形式的能源(气、热、电等)有效地连接起来,并与电力系统互补协同。氢能同时具有应用场景丰富的特点,可以广泛应用于交通运输、建筑等领域,可以为钢铁、炼化、冶金等行业提供高性能燃料和还原剂,氢气也可以以燃料电池的形式应用于汽车、船舶以及航天行业,降低长距离高负荷交通对化石燃料的依赖,且燃烧过程无温室气体排放。氢气还具有易燃的特性,把氢气按照一定的比例和常规天然气进行混合可以有效地解决天然气在汽车发动机燃烧过程中点火困难的问题,稀燃极限被增加,缩短了火焰的发展期和燃烧期[3,4]。将氢气作为一种动力燃料是能源发展的必然趋势。在20世纪70年代,美国通用公司提出了以氢为动力源来代替化石能源,研制出氢燃料发动机并应用于航天技术。布什政府提出了美国氢能经济蓝图,制定了国家氢能与燃料电池纪念日,把氢能和氢燃料电池发展作为美国的能源战略。由于储存能源的有限性,日本大力发展本国的氢能产业,并提出实现"氢能社会"的口号,为了促进氢能产业的发展其先后发布了一系列氢能源战略方针和氢能发展路线图,目前日本是世界上氢能专利最多的国家,也是氢能发展最先进的国家。同时为了推进氢能源汽车的发展,截至2018年底,日本已建立加氢站113座,计划2025年建立320座,氢能源用车计划在2025年保有量为20万辆,于2040年实现以氢能为动力的新能源汽车普及。在能源的战略性方针上,欧盟相继发布了《2020气候和能源一揽子计划》《可再生能源指令》等文件,截至2018年底,欧洲的加氢站152座,计划2030年增加到1500座[5]。2019年韩国正式发布《氢能经济发展路线图》,宣布在未来五年内投资2.6万亿韩元用于拉动韩国氢能产业的发展,计划于2030年进入氢能社会,截至2018年,韩国运营的加氢站14座,燃料电池乘用车约为300座,计划2030年达到520座,相应的燃料用车达到63万辆[5]。

我国在"十一五"初期制定的《国家中长期科学和技术发展规划纲要(2006～2020年)》,首次把氢能技术的开发和应用技术列入国家发展规划中。随着氢能技术越来越受到重视,我国把"氢能与燃料电池技术创新"列入《能源技术革命创新行动计划(2016～2030年)》[6],标志氢能体系进入到国家能源战略中。2016年10月发布的《中国氢能产业基础设施发展蓝皮书(2016)》是我国氢能发展历程中首次提出的我国氢能产业基础设施的发展规划路线图和技术发展路线图[5]，为我国氢能产业的发展指明了方向，对我国的氢能产业化有着促进作用。2017年5月，氢能的储存和运输体系被写入到《"十三五"交通领域科技创新专项规划》，指出推动氢能产业完整的配套技术和标准体系。在2016～2018年期间相继发布了氢能发展方案，加快我国氢能的发展，2018年，我国氢气产量约2100万吨。国际氢能委员会发布的《氢能源未来发展趋势调研报告》显示，到2050年，氢能源的需求量是目前的10倍，因为氢燃料汽车的发展扩大了充氢站的建设范围和数量，相应的氢能源需求量也随之增加[5]。2019年6月5日，在上海化工区建造的氢燃料电池加氢站是目前全球规模最大、等级最高的加氢站，其占地约8000m²，每日氢气供应量约为2t。氢能的产业化是我国能源发展的必然趋势，目前我国的氢能产业群主要分为京津冀产业集群、华东产业集团、华南产业集团和华中产业集团[5]。

　　制氢的方法有很多，主要有电解水制氢、水煤气制氢、煤炭焦化制氢和蒸汽甲烷重整制氢等[2]，制氢原理和制氢特点如表1-1所示，这些制氢的方法需要大量化石能源投入，生产过程会产生大量的温室气体，不利于低碳经济的发展。因此迫切需要寻求一种清洁、低耗、高效和可循环的制氢方法，在此背景下，生物制氢技术受到越来越多研究者的关注，因其生产过程可以在室内条件下进行，具有不依赖化石能源、反应条件温和、过程简单和操作方便等特点，成为目前发展制氢技术比较有潜力的选择。

表1-1　常见的制氢方法

| 方式 | 原理 | 特点 |
|---|---|---|
| 水煤气制氢 | 无烟煤或焦炭与水蒸气高温反应：$C+H_2O\rightarrow CO+H_2$，净化后得到的CO在触媒的作用下与水蒸气生成$CO_2$：$CO+H_2O\rightarrow CO_2+H_2$ | 氢气浓度高，产氢成本低，设备较多 |
| 电解水制氢 | 在充满荷性钾或荷性钠的电解溶液中通入直流电，水在电极上发生电化学反应生成氢气和氧气<br>阴极：$4H_2O+4e^-=2H_2\uparrow+4OH^-$<br>阳极：$4OH^--4e^-=2H_2O+O_2\uparrow$ | 成本大，氢气浓度高 |
| 煤炭焦化制氢 | 隔绝氧气的情况下，在900～1000℃制取生产 | 每吨煤可得煤气300～500m³ |
| 蒸汽甲烷重整制氢 | 在催化剂条件下，反应温度780～960℃ | 成本高 |
| 生物制氢 | 通过微生物的代谢活动把碳水化合物转化成氢气 | 条件温和，原料来源广、可再生 |

# 1.2 生物制氢技术

## 1.2.1 暗发酵生物制氢技术

生物制氢可以通过以下几个途径来实现：绿藻和蓝藻等光解水制氢、微生物电解池制氢、暗发酵细菌发酵制氢、光合细菌光合制氢和暗 - 光联合生物制氢，这些制氢方法都是基于微生物的代谢活动来实现的。与电化学法制氢技术相比，生物制氢技术具有以下特点：①反应条件温和，常温常压下就可以进行，能耗低，成本低，生产过程温室气体排放少；②原料来源广、可再生，农业废弃物、城市垃圾、工厂污水以及餐厨垃圾都可以作为原料进行生物制氢，可以有效地把废弃物资源化和新能源开发相结合，具有较好的推广应用前景；③制氢方式具有多样性。

暗发酵生物制氢指暗发酵细菌在厌氧的条件下利用自身的代谢活动把有机物进行分解释放出氢气，整个过程不需要外界提供光照[7-9]。目前研究的暗发酵细菌主要分为严格厌氧菌（*Caldicellulosiruptor saccharolyticus, Rumen bacteria, Ruminococcus* 等）和兼性厌氧菌（*Escherichia coli, Enterobacter* 等）。氢酶是暗发酵产氢的核心部分，根据氢酶的催化性质可以分为三种类型：第一种是电子供体由甲基紫精提供进行催化产氢的氢酶，第二种是在甲基蓝作用下吸氢的吸氢酶，第三种为可催化也可吸氢的双向氢酶。虽然产氢酶的种类很多，但是可以分为三种直接与产氢相关的催化体系，第一种为丙酮酸脱氢酶系，又称为PFL，式（1-1）为催化反应过程；

$$CH_3COCOOH+HSCoA+2Fd(ox) \longrightarrow CH_3COSCoA+CO_2+2Fd(red) \qquad （1-1）$$

第二种为甲酸裂解酶系，又称为PFOR途径，整个过程可以分为三步，最后由甲酸在甲酸氢化酶的作用下生成氢气。

第一步：$$CH_3COCOOH+HSCoA \longrightarrow CH_3COSCoA+HCOOH \qquad （1-2）$$

第二步：$$CH_3COSCoA+H_2O \longrightarrow CH_3COOH+HSCoA \qquad （1-3）$$

第三步：$$HCOOH \longrightarrow H_2+CO_2 \qquad （1-4）$$

第三种为 $NADH+H^+$ 氧化产氢酶系[10]，因为该过程是通过再氧化NADH实现产氢的，所以又称为NADH再氧化途径。在这个过程中细胞的还原力首先从葡萄糖的糖酵解过程获得，在此过程生成的丙酮酸在NADH的作用下使呼吸作用产生$CO_2$并形成甲酸和琥珀酸等，最后反应剩余的NADH在氢化酶的作用下产生氢气。

$$C_6H_{12}O_6+2NAD^+ \longrightarrow 2CH_3COCOOH+2NADH+2H^+ \qquad (1-5)$$

$$CH_3COCOOH+CO_2+NADH+2H^+ \longrightarrow 2HCOOH+NAD^++H_2O \qquad (1-6)$$

$$CH_3COCOOH+CO_2+2NADH+2H^+ \longrightarrow 2(CH_2COOH)+2NAD^++H_2O \qquad (1-7)$$

$$NADH+H^+ \longrightarrow H_2+NAD^+ \qquad (1-8)$$

图1-1为细菌产氢途径。

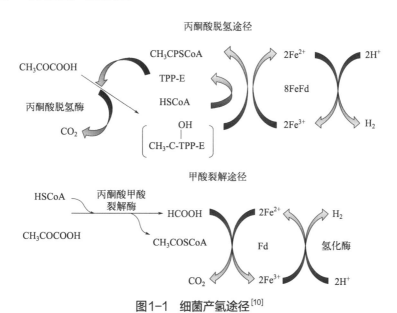

图1-1 细菌产氢途径[10]

暗发酵产氢按照代谢途径可以分为乙醇型发酵、丙酸型发酵、丁酸型发酵、乙酸型发酵以及混合发酵途径，单发酵途径主要是一些纯菌种的产氢途径，但是有些纯菌种在一些环境下也会进行混合型发酵，产氢途径主要依靠产氢代谢中氢酶的传递途径来实现。暗发酵产氢代谢途径如图1-2所示，以乙酸为代谢途径，理论上1mol的葡萄糖完全降解可以释放4mol的氢气，在以丁酸为最终的代谢产物时，理论上1mol的葡萄糖完全降解可以释放2mol的氢气，但是目前获得的实际值要低于理论上的数值，因为有机物的能量一部分转移到氢气，一部分被细菌利用进行生长代谢，同时在菌种发酵的过程中，仍存在着其他的发酵途径影响着能量流向氢气的代谢活动，同时得到的小分子酸也不能作为碳源被暗发酵菌利用进行产氢，最终残留在发酵液中。另外一些外界条件也会影响产氢量使其实际值低于理论值，如温度、酸碱度、水力停留时间（HRT）以及氢分压等。Mars 等[11]采用细菌 *Caldicellulosiruptor saccharolyticus* DSM 8903 进行序批式暗发酵产氢，反应温度为 70 ℃，初始 pH 为 6.9，最大产氢量为 3.4mol/mol 葡萄糖。Kumar 等[12]采用 *Enterobacter cloacae* IITBT08 为菌种进行序批式产氢，反应温度为 36 ℃，初始 pH 为 6，最大产氢量为 2.2mol/mol 葡萄糖，Mandal 等[13]采用 *Enterobacter cloacae* DM 11 为产氢菌进行连续产氢时，当温度为 37 ℃，初始 pH 为 6 时，最大产氢量为 3.9mol/mol 葡萄糖。

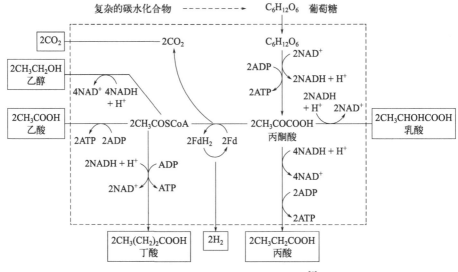

图1-2　不同发酵产氢类型代谢[2]

乙醇途径：　　　　$C_6H_{12}O_6 \longrightarrow 2C_2H_5OH + 2CO_2$　　　　　　　　（1-9）

乙酸途径：　　　　$C_6H_{12}O_6 + 2H_2O \longrightarrow 4H_2 + 2CH_3COOH + 2CO_2$　　　（1-10）

丁酸途径：　　　　$C_6H_{12}O_6 \longrightarrow CH_3CH_2CH_2COOH + 2CO_2$　　　　（1-11）

丙酸途径：　　　　$C_6H_{12}O_6 + 2H_2 \longrightarrow 2CH_3CH_2COOH + 2H_2O$　　　（1-12）

暗发酵产氢过程受到以下因素的影响：

（1）温度

微生物的生长繁殖代谢和产物生成代谢是在胞内酶的催化作用下完成的，

胞内酶对温度有着较强的敏感性。由于环境热平衡的关系，温度也会对微生物细胞膜的通透性产生影响，进而影响营养物质在细胞内外的交换，同时温度也会对微生物的代谢途径产生影响。在生物学范围每升高10℃，微生物的生长速率会增加1倍。温度在一定程度上促进细胞内酶活性，加快微生物的代谢，产物的生成会提前，所以在一定温度范围内升高环境温度，暗发酵产氢速率会加快。但是温度过高会导致酶失活，加快细胞衰老，使产氢周期变短。不同类型的微生物对温度的要求范围不一样，可以分为中温（25～40℃）、高温（40～65℃）、极端高温（65～80℃）和超高温（大于85℃）[14]。罗欢[15]对比了不同温度对固定化微生物产氢的影响，发酵温度设置为25℃、30℃、35℃和40℃，当温度为35℃时，获得了较好的产氢效果，同时发现在较高的温度下有着较短的产氢延迟期。Yokoyama等[16]分析研究了37～85℃的温度对奶牛粪为底物的发酵产氢的影响，产氢高峰值出现在温度为60℃和75℃，在这两个温度下的主要代谢产物为乙酸，对产氢微生物进行V3区的16S rDNA的鉴定，发现主要的产氢菌为 Clostridium thermocellum 和 Caldanaerobacter subterraneus。Qiu等[17]采用序批次实验分析了温度对混合产氢菌以木糖为底物时产氢的影响，温度范围设置在35～65℃，结果显示两个产氢的高峰期值分别出现在35℃和55℃，产氢量分别为1.11mol/mol木糖和1.30mol/mol木糖，在温度为35～60℃时，发酵产氢的代谢产物主要是乙酸和丁酸，当温度为65℃时，乙醇是主要的副产物，对不同温度下优势菌属鉴定结果显示：发酵温度为35～40℃时，主要的产氢菌为梭状菌属（Clostridium），发酵温度为45～60℃时，产氢菌主要是杆状菌属（Thermoanaerobacterium），发酵温度为65℃时，两种菌属都存在，但是有着较低的群落多样性。曹先艳等[18]对比分析了50℃、35℃和25℃下餐厨垃圾厌氧发酵产氢的性能，发现当温度为35℃和25℃时，二者的产氢效果差别不是很明显，但是在35℃下产氢速率较高，并且有着较短的产氢延迟期，而温度为50℃时，几乎没有氢气产出。Wang等[19]分析了温度范围在30～50℃下对微生物电解池同步糖化产氢的影响，发现35℃是微生物电解池同步糖化发酵产氢的最佳温度，同时发现温度越高越有利于同步糖化发酵过程中底物的水解。Kongjan等[8]利用极端嗜热菌（70℃）进行序批次和连续厌氧发酵产氢，在序批式产氢中最大的产氢量为318mL/g还原糖，连续产氢模式下，最大产氢量为178mL/g还原糖。

（2）pH

微生物生长对环境的pH有着不同的要求，根据pH不同可将微生物分为酸性菌（pH 1 ～ 5.5）、中性菌（pH 5.5 ～ 8.0）和碱性菌（pH 8.5 ～ 11.5）。对产氢微生物来说，pH在其产氢代谢中扮演着重要的角色，它不仅影响代谢途径，还会影响产氢酶的活性、产氢速率以及混合菌种中的主导细菌。产氢最佳pH主要依赖于底物类型和菌种的组成。肖本益等[20]研究了初始pH对厌氧发酵产氢的影响，结果显示在初始pH为9.5时，获得最佳产氢效果。张全国等[21]研究分析了初始pH对玉米秸秆酶解液上清液为产氢底物时产氢的影响，通过响应面优化出最佳pH为4.93。陈攀等[22]研究分析了pH对拜氏梭菌（*Clostridium beijerinckii* IB4）联产丁醇和氢气的影响，当pH为6时，有利于菌种的生长，但后期的代谢活动受到抑制；pH为4.9时，菌种生长缓慢，产氢代谢能力下降；pH为5.2时，获得较好的产氢效果。Carrillo-Reyes等[23]在一个上流式厌氧生物反应器中以干酪乳清为底物进行产氢实验，研究发现最佳的pH为5.0，产氢速率为0.31L/(L·d)。Liu等[24]发现以淀粉为厌氧发酵产氢底物时，最佳的pH范围为7 ～ 8。在用污泥为产氢底物时，较高的初始pH，可以获得较高的产氢速率，因为高的pH抑制产甲烷菌的活性，同时也可以促进污泥的水解和产酸[20,25]，而对一些嗜热产氢菌的最佳pH在4.5 ～ 5.5之间[26,27]。

（3）碳氮比

微生物在发酵过程中需要不断地从外界获取营养物质来合成自身需要的物质，保证自身的生长和繁殖。依据营养元素在微生物生长以及代谢中起的作用不同，可以分为碳源、氮源、无机盐、水分、能源、生长因子等[28]。微生物的构成可以表示成$C_5H_7O_2N$[29]，可以计算得出碳和氮分别约占细胞干重的53%和12%。碳源是提供微生物生长代谢所需要的能量，氮源是微生物体内蛋白质、核酸以及酶的重要原料。碳氮的平衡是影响微生物正常代谢产氢的因子，在厌氧发酵系统中，碳的比例较高，造成细胞合成物不足，影响微生物代谢的活性，氮的比例较高，会使细胞主要进行生长代谢，少部分的能量用来产氢代谢[30]，所以合适的碳氮比例是产氢稳定性、底物高转化效率的必要条件。

Rughoonundun等[29]通过调节羧酸、废弃污泥和甘蔗渣共发酵过程中干物质的比例来调节发酵底物的碳氮比，对比分析碳氮比的变化对细菌的生长和代谢产物生成的影响，碳氮比范围在13.2 ～ 24.5时促进气体的生成，当碳氮比从25升到31.8时导致气体产量下降16%，甘蔗渣有着较高的碳氮比（64.6），当以其单独为底物进行发酵时，在所有的实验组中产气量最低，因为营养元素的不平衡使微生物的代谢活动受到抑制。田京雷等[31]分析了碳氮比对以家禽粪便和米糠为混合原料进行厌氧发酵产氢的影响，发现在碳氮比为50时，能获得较好的产氢量。李永峰等[32]用葡萄糖和蛋白胨来调节发酵液中的碳氮比，来确定适合细菌 *Rennanqilyf* 3 产氢的最佳碳氮比例，当碳氮比为3.3时，细胞的生长最好，同时产气量和产氢量也获得最高值。del Pilar Anzola-Rojas等[33]等发现碳氮比为137时利用蔗糖废水进行厌氧发酵产氢，最大产氢量可以达到3.5mol/mol 蔗糖。Androga等[34]对比了不同碳氮比例下连续产氢反应器运行的稳定性，研究发现在碳氮比为25时能获得较高的产氢量，细胞干重可以达到0.4g/L培养基。不同文献中碳氮比的差异来自不同微生物的需求。

（4）水力停留时间

水力停留时间（HRT）是发酵有机物在反应器中停留的时间，它是影响反应器产氢速率和运行性能的重要参数，在传统的连续产氢反应器中，保持底物浓度不变缩短HRT是一种有效的建立稳定的生物生存环境的措施。在连续产氢反应器运行中，通过缩短HRT可以提高产氢速率，但是当HRT过低时，产氢速率会出现下降，较短的水力停留时间有着较强的冲刷强度[35]。虽然短的水力停留时间能提供充足的营养物质，但是产氢功能菌容易从反应器冲刷出去，产氢菌含量降低，相应的产氢速率也出现下降，同时短的HRT也会造成底物转化效率低，较短的HRT缩短了菌种和底物的接触时间，使底物不能得到充分利用，造成大量的流失。长的HRT有着较高的底物转化效率，但是营养物质的供应不充足造成产氢率较低。Hussy等[36]对比分析了HRT设置为12h、15h和18h时对连续发酵的反应釜中干酪乳清产氢性能的分析，结果显示水力停留时间为12h时，可以降低代谢产物中丙酸盐的生成，在不降低底物去除率的情况下提高产氢速率。刘晓烨等[37]分析了HRT对复合式厌氧折流板反应器产氢性能的影响，在设置的五个HRT的梯度内，当HRT为12h时，产氢效果最佳，产氢速率可以达到13.86mmol/(h·L)，COD的去除率为51.51%。王媛媛等[38]采用二次回归正交实验优化了HRT对以猪粪为发酵底物的产氢性能的影响，结果显示最佳的HRT为4.123d。Silva-Illanes等[39]研究了HRT（8～12h）对甘油暗发酵连续产氢的影响，整个反应器的有效容积为2L，当HRT为12h，对应的pH设置为5.5时获得最高的产氢量，是对照组的2.5倍。

（5）金属离子

金属离子是微生物生长、繁殖和完成各种代谢活动必不可少的无机营养物质，它在微生物细胞的构成、酶的组成（镍氢酶、铁氧化还原酶等）、酶的活性（氢酶、固氮酶等的活性）以及微生物细胞的渗透压等方面起着重要的功能作用。对微生物来说金属离子可分为两类：一种是大量元素，浓度范围在 $10^{-4} \sim 10^{-3}$mol/L，如钾、镁、钙、硫、磷和钠等元素；一种是微量元素，所需浓度在 $10^{-8} \sim 10^{-6}$mol/L 之间，如钨、铜、锌、钼、镍和钴等元素。其中铁元素介于微量元素和大量元素之间。这种分类依赖于人的主观意识和浓度的相对性，也有按照金属的原子序数进行分类的[40]。

金属离子在微生物的生化反应中辅助代谢活动的进行[40]，适量金属离子的添加可以提高产氢微生物的活性进而提高发酵系统的运行效率。刘士清等[41]考察了不同质量浓度的金属离子以及相互关系对产氢混合菌的影响，得出金属离子对混合细菌发酵产氢影响的顺序为 $Zn^{2+}>Ni^{2+}>Fe^{2+}>K^+>Mg^{2+}>Fe^{3+}>Mn^{2+}$，单独添加 $Zn^{2+}$ 对混合菌产氢有着抑制作用，但是 $Zn^{2+}$ 和 $Fe^{2+}$ 之间的交互作用对产氢有着显著的影响，在金属离子之间的交互作用中 $Ni^{2+}$ 和 $Fe^{3+}$ 的交互作用最显著，确定的金属离子浓度为 20mg/L $Fe^{2+}$、0mg/L $Zn^{2+}$、1mg/L $Ni^{2+}$、100mg/L $K^+$、100mg/L $Fe^{3+}$、1mg/L $Mn^{2+}$。不同的细菌对金属元素的浓度有着不同的需求，李永峰等[42]分析了不同浓度的 $CoCl_2$ 对产氢菌 R3 sp.nov. 产氢性能的影响，在 $CoCl_2$ 的浓度为 0.05mg/L 时，累积产氢量达到最大值，继续升高 $CoCl_2$ 浓度，当到 0.50mg/L 时，氢气的产量以及浓度出现快速下降，在 R3 sp.nov. 的产氢过程中添加 $Fe^0$ 和 $Fe^{3+}$ 促进了氢气的产率，其性能高于其他金属离子的添加（$Cu^{2+}$、$Co^{3+}$ 和 $Fe^{2+}$），同时发现当反应器中添加少量的 $Zn^{2+}$ 可以促进 R3 sp.nov. 的产氢性能，因为 $Zn^{2+}$ 是脱氢酶、脱羧酶、肽酶以及多种碱性磷酸酶等的辅助因子。不同价态的金属离子对细菌的产氢性能也存在着差别，曹东福等[43]研究了不同价态的铁（Fe、$Fe^{2+}$、$Fe^{3+}$）对蔗糖厌氧发酵的影响，发现 $Fe^{2+}$ 提升产氢效果最佳，当浓度为 1000mg/L 时获得较高的产氢速率。目前针对不同金属离子对产氢性能的影响研究逐渐转向添加物的粒度化[44]，纳米级金属离子的研究是目前研究的热点，纳米颗粒有着较大的比表面积，可增强氢化酶的催化性能，同时部分纳米颗粒可以营造一个还原性环境供细菌生存，纳米颗粒的引入也可以调节产氢类型的转化[45-47]。

（6）底物类型

发酵底物含有产氢微生物所需要的营养物质，不同底物组成成分不一样，会引起产氢过程中底物的降解特性的差别，分析其原因：一方面因为不同底物的元素组成存在着差别，特别是碳、氮元素的含量，氮元素含量较高的底物用于产氢时，菌种主要进行生长代谢，产氢代谢进行比较少，造成产氢量少；另一方面因为分子结构的大小以及紧密程度，分子结构较小，如葡萄糖、木糖等单分子的糖类化合物比较容易产氢，同时获得较高的产氢速率以及底物转化效率，而一些大分子的有机物不容易被产氢微生物直接利用，需要经过微生物的初步降解，把大分子的有机质降解成小分子的有机物进行产氢，如淀粉、纤维素等。纤维素类的糖类化合物有着紧密的化学结构，分子间的化学键强力结合，聚集成结晶物，使其性能稳定，同时纤维素外围有着非糖类化合物组成的木质素形成的保护层，木质素有着一定的抗生物降解能力。厌氧发酵产氢微生物能利用的底物比较广泛，如农业废物秸秆、有机废水以及城市固体废弃物。路朝阳等[35]以葡萄糖为底物分析对比了不同底物浓度对 $3m^3$ 折流板厌氧反应器产氢的影响，发现产氢速率和底物浓度呈正相关，在底物浓度为 30g/L 时，获得最大的产氢速率。汤桂兰等[48]对比分析了葡萄糖、蔗糖、麦芽糖、木糖和乳糖作为厌氧发酵产氢底物时的产氢性能，结果显示葡萄糖表现出最好的产氢性能，而以木糖为底物的产氢量最低，因为葡萄糖只通过 EMP 途径进行代谢产生丙酮酸，而木糖需要经过 HMP 途径，然后进入 EMP 途径产生丙酮酸，相应的反应过程较复杂，过程中参与的酶就变多，同时每摩尔的葡萄糖产生的丙酮酸高于每摩尔的木糖的产生量，而蔗糖、乳糖和麦芽糖属于二糖碳水化合物需要降解后才能被利用，所以葡萄糖产氢量最高。张全国等[21]以过滤后的秸秆酶解液为底物进行暗发酵产氢，在最优的发酵工艺下，获得最佳产氢率为 54.94mL/g 底物。李亚猛等[49]对比了分析玉米、水稻、高粱、玉米芯和小麦秸秆结构成分，并对其产氢潜能进行了分析，在相同的发酵方式和条件下玉米芯有着较高的产氢性能，为 102.62mL/g TS，小麦秸秆的产氢量最低为 62.49mL/g TS（总固体），因为玉米芯的木质素含量较少，纤维素容易降解成还原糖，而小麦秸秆具有较高含量的木质素，阻碍了酶水解。曾小梅[50]以学校食堂产生的餐厨垃圾为底物进行厌氧发酵产氢，产氢量可以达到 25.18mL/g VS（挥发性固体）。Hay 等[51]利用造纸废水（TCOD 1441mg/L）进行厌氧发酵产氢，最大的产氢速率为 5.77mL/mL 废水。表 1-2 总结了不同底物的产氢性能。

表1-2　不同底物的氢气转化潜力

| 微生物 | 底物 | 产氢量（或产氢率） | 研究者 | 年份 |
| --- | --- | --- | --- | --- |
| 混合菌种 | 葡萄糖 | 2.49mol/mol 葡萄糖 | de Amorim 等[52] | 2012 |
| 混合菌种 | 淀粉废水 | 5.5mol/kg COD | Chaitanya 等[53] | 2017 |
| 芽孢杆菌和单胞菌 | 淀粉废水 | 1.88mol/mol 葡萄糖 | Wang 等[54] | 2016 |
| 混合细菌 | 稻草 | 24.8mL/g TS | Chen 等[55] | 2012 |

| 微生物 | 底物 | 产氢量（或产氢率） | 研究者 | 年份 |
|---|---|---|---|---|
| *Enterobacter* sp. H1 | 甘油 | 3506mL/L | Maru 等[56] | 2012 |
| *Citrobacter freundii* H3 | 甘油 | 3547mL/L | Maru 等[56] | 2012 |
| 混合细菌 | 奶酪乳清 | 4.13mol/mol 乳糖 | Romão 等[57] | 2013 |
| 混合细菌 | 口香糖废水 | 0.36L/L 废水 | Seifert 等[58] | 2018 |
| 混合细菌 | 蔗糖 | 4.24mol/mol 蔗糖 | de Sá 等[59] | 2013 |
| 混合细菌 | 葡萄糖 | 2.19mol/mol 葡萄糖 | de Sá 等[59] | 2013 |
| 混合细菌 | 果糖 | 2.09mol/mol 果糖 | de Sá 等[59] | 2013 |
| 混合细菌 | 餐厨垃圾 | 39.14mL/g 底物 | Han 等[60] | 2015 |

## 1.2.2 光合生物制氢技术

光合生物制氢是在指光发酵细菌在厌氧光照的条件下吸收光能把有机物转化成氢气和二氧化碳的过程。目前光合产氢的细菌主要集中在：深红红螺菌（*Rhodospirillum rubrum*）、球形红微菌（*Rhodomicrobium sphaeroides*）、粪红假单胞菌（*Rhodopseudomonas faecalis*）等[61]。光合细菌属于原核生物，在发酵产氢的过程中关键酶主要为固氮酶，在固氮酶的作用下 $N_2$ 被催化形成 $NH_3$，同时释放出 $H_2$。在产氢系统上，光合细菌与绿藻以及蓝细菌存在着区别，光合细菌只存在一个光合系统 PS I，而绿藻和蓝藻除了 PS I 系统外，还有 PS II 系统，所以在利用光合细菌进行产氢时，不会产生氧气，只有氢气和少量的二氧化碳，整个代谢过程中酶的活性不存在氧的抑制，同时代谢活动所需的 ATP 来自光合磷酸化，保证了固氮酶所需的充足能量，所以光合细菌生物制氢具有底物转化效率高的特点[62]。固氮酶主要由两部分组成：①固氮酶复合物；②还原酶亚基[63]。还原酶亚基是一种由 *nifH* 基因控制的 Fe-S 蛋白酶，分子量约为 65kDa，主要负责把电子供体的电子传输给固氮酶复合物。该固氮酶复合物是一种 $\alpha_2\beta_2$ 的四聚体，由 *nifK* 和 *nifD* 基因编码，分子量约为 230kDa[64,65]。氢酶也是光合细菌光发酵制氢过程中一种重要的酶，根据氢酶中心金属原子的不同可以分为不含金属的氢酶、Fe 氢酶、$Ni_2Fe$ 氢酶和 NiFe(Se) 氢酶[66]，Fe 氢酶具有较强的特异性[67]；按照氢酶的特性可以分为放氢酶和吸氢酶。光合细菌产氢代谢是在固氮过程中完成的，整个过程需要消耗大量的 ATP，当底物能量供应不足时，吸氢酶会把氢气催化成质子和电子为固氮酶提供所需的电子以及能量。光合细菌光发酵产氢机理如图1-3所示。

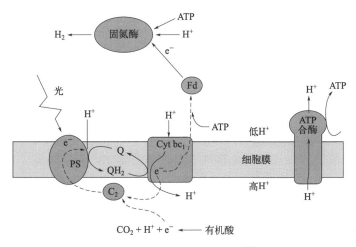

图1-3　光合细菌产氢机理[68]

影响光合细菌发酵产氢的因子如下所示：

（1）光照时间、光波长和光照强度

影响光合生物制氢的影响因子除了和暗发酵产氢有相同的外，还包括光照，因为光合细菌只有在光照的情况下才能进行产氢代谢。Meyer等[64]分析了 *Rhodopseudomonas capsulata* 在不同的光照条件下固氮酶的活性，表明固氮酶的活性很大程度依赖于光强，在无光照的条件下，固氮酶没有活性，即使有着充足的ATP供应；在有光照的条件下，细菌可以发生一些光生化反应生成固氮催化所需要的低电位还原剂；另外发现在黑暗中休眠的细胞中存在少量的固氮酶，从暗培养中分离出来的休眠细胞在光照的条件下有着较高的固氮酶活性，连续光照的条件下光合细菌的固氮酶活性低于间歇照射光合细菌的固氮酶活性。张洋等[69]分析了暗间歇时长对光合细菌产氢的影响，暗间歇时长为6h，有利于光合细菌的生长，菌种的浓度高于全光照的菌种浓度，从而提高产氢量，但当暗间歇时间增长到12h或18h，会导致大量的有机质被光合细菌生长代谢掉，造成反应液的酸化，降低了产氢过程中的氢气释放量，以致获得较低的底物转化效率。在光合细菌体内含有不同的叶绿素，而不同的叶绿素对不同波段的波长有着不同的吸收特性，安静[70]对富集的光合混合菌种的吸光性进行了分析，采用波段在300～900nm的光来观察菌种吸收光的特性，发现光合细菌在390nm、490nm、590nm及红外光区800nm和860nm处有明显吸收峰，说明此波段的光照有利于细菌进行光合作用，在混合菌种培养中单株菌种的吸光特性不受影响，在混合菌种的培养过程中，不同的光照情况下，菌种的生长状态表现出不同的特性，从光合细菌的生长速率来看，在黄光的照射下生长速率最高，其次是在蓝光的照射下，剩下依次为绿光、白炽灯、白光和红光。同时还分析了非硫细菌F1、F5、F7、F11，紫色硫细菌S7、S9和绿色硫细菌L6的吸收光谱特性，结果发现F1、F5、F7、F11在波段为375nm、490nm和590nm附近有着较好的吸光特性，紫色硫细菌S7、S9在波段为380nm和490nm附近有着较好的吸收峰，L6在90nm近有吸收峰，改变太阳光照的波段对同一菌种的生长和产氢特性有着显著的变化。谢学旺等[71]发现沼泽红假单胞菌CQK-01传质速率和产氢性能受光波长和光照强度的影响，在波长为470~630nm下，葡萄糖的跨膜速率随着波长的增加先增加后减少，在波长为590nm时取得最大速率为9.74mmol/(g·h)，在光强为8000lx时，产氢速率达到最高为0.52mol/mol葡萄糖。波段的不完整会造成产氢量的下降，Uyar等[72]发现在光照波长缺少750~950nm波段时，产氢量降低了39%。

光照的强度决定了传输光电子的数目，不同的光合细菌对光电子的接受情况存在差别。过强的光照强度会使90%的光电子不能捕捉到，而以热或荧光的形式损失掉[73,74]。蒋丹萍等[75]从污泥富集出的混合型光合细菌，在以猪粪污水和1%的葡萄糖为底物时，最佳的光照强度为2080lx。张国欣等[76]从花园的土壤中富集出的光合细菌，在光照强度为8000lx下产氢优势菌株能较好地分离出来，并且产氢性能较好。

（2）固定技术

光合细菌的固定技术常见形式主要有：吸附固体表面生长、包埋多孔介质中进行生长、附着固体材料表面生长和菌体絮凝成团生长。通过对光合细菌的固定建立了菌种生长的微环境，增强了光合菌对外界环境的抵抗能力，增强了菌种的产氢能力。Xie等[77]以比表面积为1500m²/g活性炭纤维为菌种附着载体固定*Rhodopseudomonas faecalis* RLD-53，最大产氢量达到3.08mol/mol乙酸，最大产氢速率为32.85mL/(L·h)，比游离态条件下提高了29.96%和22.44%。Guo等[78]对光纤的表面进行粗糙化，以便光合菌的附着，粗糙面显著提高了菌种的附着量，使光合菌*R. palustris* CQK01产氢量比游离态的菌种提高了136.49%。Zhang等[79]以反应器为载体，在反应器底部布置1mm×1mm（宽×深）的凹槽，用于固定光合细菌，得到的产氢量是平滑面反应器的1.75倍。

光合细菌的絮凝依靠细胞分泌的胞外聚合物（extracellular polymeric substances，EPS），生物絮凝一般是三维结构，通过EPS连接，L-半胱氨酸是一种独特的天然的氨基酸，含有巯基（—HS），可以形成二硫键，二硫键在蛋白质的稳定性和折叠中扮演着重要的角色，蛋白质是EPS的主要组成部分[80]。Xie等[81]研究了不同的L-半胱氨酸的添加量对光合细菌的絮凝影响，结果表明1.0g/L的L-半胱氨酸对菌种的絮凝较好，过高的L-半胱氨酸会抑制光合细菌的生长，最大产氢量为2.58mol $H_2$/mol乙酸，产氢速率最大为32.85mL/(L·h)，对应的固氮酶活性为1374nmol $(C_2H_4)$/(mL·h)。Xie等[82]探索了L-半胱氨酸在连续产氢过程对菌种的絮凝的影响，L-半胱氨酸的添加促进了氢气的生成，在添加1g/L条件下，氢气产量达到4.81mol/mol苹果酸高于不添加的4.53mol/mol苹果酸，在乙酸、丙酸、乳酸和苹果酸为底物时，L-半胱氨酸的添加使 *R. faecalis* RLD-53光合菌的絮凝度分别增加了29.35%、32.34%、26.07%和24.86%。Xie等[83]发现$Ca^{2+}$可以降低菌种之间的相互作用力，来提高菌种间的吸附，能够较好地促进光合菌 *R. faecalis* RLD-53的絮凝，絮凝颗粒的大小随着$Ca^{2+}$的浓度增加而增加，在$Ca^{2+}$的浓度达到4mmol/L时絮凝颗粒达到30.07μm，和游离态菌种相比，絮凝态下的菌种有着良好的稳定性，产氢量可以达到2.64mol/mol乙酸。

（3）其他因素

还有一些学者研究了无机盐的添加对发酵液的缓冲性能的影响[84,85]。刘会亮等[86]对比分析了碳酸氢钠（$NaHCO_3$）、碳酸钠（$Na_2CO_3$）、磷酸氢二钠（$Na_2HPO_4$）、磷酸氢二钾（$K_2HPO_4$）、磷酸二氢钠（$NaH_2PO_4$）和磷酸二氢钾（$KH_2PO_4$）等无机盐添加物对光合产氢的影响，结果表明碳酸盐和磷酸盐的添加提高了发酵体系的缓冲能力，并加快了菌种的生长代谢活动，促进了氢气的生成，添加$KH_2PO_4$无机盐的实验组获得最高的累积产氢量为1906.99mL/L，$NaH_2PO_4$添加物次之，最大累积产氢量为1806.95mL/L。光合细菌的生长和产氢能力受到反应器的顶部气体的组成和分压的影响，特别是固氮酶的活性受到氧气的影响显著，李刚等[87]研究了反应器顶部的气体组成和顶部空间对光合细菌产氢的影响，结果显示在上部充氩气的情况下，菌种的生长和产氢效果较好，分别是充氮气、空气和二氧化碳条件下的1.67倍、1.12倍和1.05倍，反应器的容积产氢率随着顶空预留空间的增加逐渐降低，当预留空间从占有反应器容积的1/20增加到1/2时，容积产氢率则由3.034L/L下降到2.57L/L。Zhang等[88]探究了不同搅拌方式对光合细菌产氢的影响，结果显示磁力搅拌的方式对菌种的生长有着消极的影响，产氢量低于静态发酵，采用折流板反应器使液体上下流动搅拌获得最高的产氢量为512.29mmol/L。Wu等[89]对比分析了不同发酵方式对光合产氢的影响，发现半连续产氢发酵模式能减少菌种的流失，并且反应系统稳定，容易操作，是一种比较有潜力的产氢发酵模式。邓文斌等[90]分析了外加电场对光合细菌产氢的影响，发现外加电场可以提供产氢需要的高能位的质子，同时可以实现对发酵液的pH调节，电场的添加提高了光合细菌的产氢性能。

除了单个因素可以影响光合细菌的产氢量外，因素之间的交互作用也会对光合细菌产氢代谢产生影响，如产氢过程中的底物浓度和初始pH，过多的底物浓度会导致发酵液快速酸化，初始pH过低会导致产氢量降低[91]。李亚猛等[92]采用Plackette-Burman实验对以三球悬铃木落叶为底物时影响产氢的因素进行筛选，结果显示初始pH、温度和接种量为影响光合细菌HAU-M1产氢的显著因素，随后采用响应面法对显著因素进行优化，最佳发酵工艺为发酵温度35.59℃、初始pH 6.18、接种量体积分数26.29%，在此条件下产氢量为64.10mL/g TS，在因素的交互作用中接种量和温度之间的交互作用对产氢影响比较显著。Lu等[93]采用了响应面法优化了腐烂水果光合产氢工艺，在单因素的水平上初始pH、光照强度、发酵温度和固液比均是影响产氢的显著因素，在二次项的交互作用上，初始pH和光照强度之间的交互作用显著。

## 1.2.3　暗-光联合生物制氢技术

暗发酵生物产氢可以在没有光照的情况下进行产氢并有较高的产氢速率，但是在暗发酵生物产氢过程中会伴随着一些小分子酸的生成，如乙酸、丁酸和丙酸等，也会产生一定浓度的乙醇，而这些物质不能被暗发酵细菌利用产生氢气，造成大量的有机物残留在暗发酵尾液中导致产氢过程能量转化效率低。在以丁酸为代谢产物时，1mol的葡萄糖理论产氢量为2mol $H_2$，产物为乙酸时，1mol葡萄糖理论产氢量为4mol $H_2$。而实际上由于菌种的生长代谢和未知的代谢途径都会消耗底物，所以实际的产氢量要低于理论的产氢量。残留在暗发酵尾液中的有机酸若得不到有效处理不仅造成资源的浪费也会对环境产生污染。而光合细菌在厌氧光照的条件下可以以小分子酸为碳源进行产氢代谢，小分子酸在光合细菌的产氢系统中会被转化成氢气和二氧化碳，两种发酵方式相结合下，理论上1mol的葡萄糖可产生12mol $H_2$。暗-光联合产氢流程图如图1-4所示，两种发酵方式的联合可以显著地提高底物的转化效率并降低尾液残留对环境的污染，目前对暗-光联合生物制氢的研究主要集中在暗-光联合两步法产氢和暗-光联合一步法产氢（暗发酵菌和光发酵菌共培养）。

暗-光联合两步法产氢即产氢过程分两步进行，首先进行暗发酵产氢，暗发酵产氢结束后的液体经过处理再进行光合生物制氢。但是暗发酵尾液的成分比较复杂，不仅含有小分子酸，也会残留一些暗发酵菌以及代谢抑制物，需要进行一定的处理才能被光合细菌高效利用。Liu等[94]研究了稀释比、接种比和光照时间对暗发酵菌丁酸梭菌和光合细菌 *Rhodopseudomonas faecalis* RLD-53 两步法联合产氢的影响，结果表明通过对暗发酵尾液进行稀释可以降低残留的小分子酸的浓度使其满足光合细菌代谢需求，同时稀释可以降低产氢抑制物的浓度，当稀释比为 1 ∶ 0.5 时获得最高的产氢量，为 4368mL/L 暗发酵尾液，暗发酵产氢过程的接种量和光合产氢过程的接种量比例为 1 ∶ 2 时，联合产氢过程的累积产氢量达到 4.946mol/mol 葡萄糖，在光合产氢阶段光暗循环时间为 16h，光照 8h 对联合产氢的经济效果较好。Hitit等[95]以淀粉和葡萄糖为底物进行暗-光联合生物制氢，用响应面法优化光合产氢阶段的发酵工艺，两阶段的连续产氢量为 8.3mmol/g COD，在光合阶段最佳的发酵工艺为接种量为 9mL(1.64 × 10^8 细胞)、暗发酵尾液的稀释比为 1 ∶ 2.5 和 pH 为 7，在此条件下获得最高产氢量为 7.21mmol/g COD，在光合产氢阶段，暗发酵尾液的稀释比为 1 ∶ 5，pH6.5 时，底物的 COD 去除率达到最高为 97%。Silva等[96]通过添加不同类型的糖对暗发酵尾液的性质进行调节来提高暗发酵尾液在光合产氢过程中产氢的潜力，通过控制糖的添加量可以促进光合细菌的生长，交替添加葡萄糖和乳糖显著提高了光合阶段的产氢量以及产氢速率，最高产氢速率达到 208.40mmol/(L·d)。Azbar等[97]以奶酪生产废水为底物进行暗-光联合两步法产氢，对比分析了稀释比以及 L-苹果酸的添加对两步法产氢的影响，结果显示在暗发酵尾液稀释比为 1 ∶ 5，体积分数 50% 苹果酸和 50% 的暗发酵尾液下获得最高的产氢量为 349mL/g COD，在不同的产氢工艺条件下，两阶段的产氢量为 2 ～ 10mol/mol 乳酸。Seifert等[98]以生产口香糖残渣为底物进行两步法生物制氢，采用厌氧消化污泥进行暗发酵产氢，*R. sphaeroides* 为光合产氢菌，在暗发酵产氢阶段，底物浓度为 60g/L 和接种量为 20% 时获得最高的产氢量，为 0.36L/L_meium，暗发酵结束后的液体中含有一定浓度的木糖、乙酸、丙酸、丁酸和乳酸等，残留的铵根离子的浓度为 480mg/L，稀释 8 倍后的暗发酵尾液在光合产氢阶段的产氢性能较好，达到 0.8L/L 稀释后的液体，两阶段的产氢量达到 6.7L/L 底物。暗-光联合两步法生物制氢相关研究比较多，过渡阶段是两步法产氢关键阶

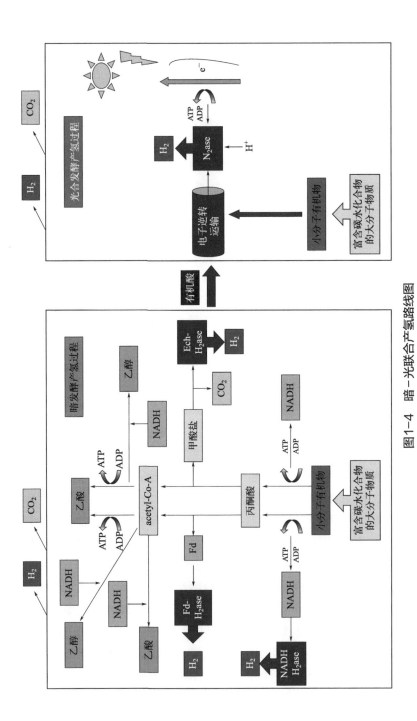

图1-4 暗-光联合产氢路线图

段，不同的衔接工艺对总产氢效果有着显著的影响，同时不同的底物类型、发酵方式及菌种也会对两阶段产氢量产生影响，表1-3总结了部分暗-光联合两步法产氢效果。

表1-3 暗-光联合两步法产氢

| 暗发酵细菌 | 光合产氢细菌 | 发酵方式 | 底物 | 产氢量 | 文献 |
|---|---|---|---|---|---|
| 丁酸梭菌 | 红假单胞菌属 RLD-53 | 序批次 | 葡萄糖 | 5.37mol/mol 葡萄糖 | [94] |
| 丁酸梭菌和产气肠杆菌 | 红假单胞菌 GCA009 | 序批次 | 淀粉和葡萄糖 | 35.7mmol/g COD | [95] |
| 丁酸梭菌 | 沼泽红假单胞菌 | 序批次 | 丙氨酸 | 418.6mL/g底物 | [99] |
| 丁酸梭菌 | 沼泽红假单胞菌 | 序批次 | 丝氨酸 | 270.2mL/g底物 | [99] |
| 混合菌 | 混合菌 | 序批次 | 海藻糖酶解液 | 611.3mL/g底物 | [100] |
| 混合菌 | R. sphaeroides ZX-5 | 序批次 | 餐厨垃圾 | 671mL/g底物 | [101] |
| 混合菌 | R. sphaeroides ZX-5 | 序批次 | 木薯 | 810mL/g底物 | [101] |
| 混合菌 | R. sphaeroides | 序批次 | 玉米芯 | 6.59mol/mol 葡萄糖 | [102] |
| 丁酸梭菌 ATCC824 | 红荚膜菌 DSM1710 | 连续 | 葡萄糖 | 5.65mol/mol 葡萄糖 | [103] |

暗-光联合一步法产氢也称为暗发酵菌与光合产氢菌共培养发酵产氢，在产氢的过程中同时加入暗发酵细菌和光合产氢细菌，两个反应在同一个反应器中进行，和两步法制氢相比，减少了暗发酵尾液的预处理阶段，暗发酵过程小分子酸一边被生成一边被光合细菌进行代谢产氢。张全国等[104]采用暗发酵细菌产气肠杆菌（AS1.489）和光合细菌HAU-M1为共培养产氢菌进行一步法联合产氢，对发酵中的初始pH值、底物质量浓度、发酵温度、光照强度进行了正交实验优化，结果显示最佳产氢工艺为：初始pH值6.5、底物质量浓度35g/L、光照强度3500lx、发酵温度30℃，累积产氢量达到332.6mL。Zagrodnik等[105]以光合细菌 R. sphaeroides O.U.001 (ATCC 49419) 和暗发酵细菌 Clostridium acetobutylicum DSM 792为暗-光联合一步法产氢菌种，玉米淀粉为底物，分析了半连续进料对产氢的影响，在有机负荷为1.5g/(L·d)下，共发酵产氢量获得最大，为3.23L/L培养基。在暗-光联合一步法产氢工艺中，pH是影响产氢的重要因素，因为暗发酵细菌和光发酵细菌最佳的pH存在着区别，大部分暗发酵细菌最佳的pH偏酸性，而光合细菌比较适合中性的环境。Zagrodnik等[106]通过控制光合细菌 R. sphaeroides O.U.001 (ATCC 49419) 和暗发酵细菌 C. acetobutylicum DSM 792共培养联合

发酵产氢过程pH的稳定实现产氢量的最大化，发酵体系pH维持在6时，只有暗发酵细菌进行产氢代谢，当发酵体系的pH稳定在7时，获得最大产氢量，达到6.22mol/mol葡萄糖。Xie等[107]把固定后的光合细菌 *Rhodopseudomonas faecalis* RLD-53和暗发酵菌 *Ethanoligenens harbinense* B49进行共培养一步法产氢，以浓度为6g/L的葡萄糖为底物，在pH为7.5，获得最高的产氢量，为3.10mol/mol葡萄糖。有机负荷是影响共培养一步法产氢的一个重要因素，Ozmihci等[108]研究了不同淀粉的有机负荷率对厌氧污泥和粪球红细菌共发酵产氢的影响，暗发酵菌种和光合产氢菌的初始菌种比例设置为1∶2，有机负荷为80.4mg/h时，获得最高的产氢量为201mL/g淀粉。在共培养一步法发酵产氢的过程中，暗发酵菌和光合产氢菌的比例对发酵体系的稳定有着重要的影响，暗发酵菌过多会导致小分子酸的形成速率高于光合细菌的消耗速率，造成pH下降，最终导致产氢量的降低。Cai等[109]分析了暗发酵细菌和光合产氢细菌的比例对产氢的影响，结果显示共培养的产氢量高于单独发酵产氢，在暗发酵细菌和光合细菌的比例为1∶10时，获得最高的产氢量为1694mL/L。表1-4总结了部分暗-光联合一步法产氢研究的情况。

表1-4　暗-光联合一步法产氢

| 暗发酵细菌 | 光合细菌 | 发酵方式 | 底物 | 产氢量 | 文献 |
|---|---|---|---|---|---|
| 产气肠杆菌 | HAU-M1 | 序批式 | 玉米秸秆酶解液 | 47.5mL/g玉米秸秆 | [104] |
| *R. sphaeroides* O.U.001 | *C. acetobutylicum* DSM 792 | 半连续 | 玉米淀粉 | 3.23L/L培养基 | [105] |
| *C.acetobutylicum* DSM 792 | *R.sphaeroides* O.U.001 (ATCC 49419) | 序批次 | 葡萄糖 | 6.22mol/mol葡萄糖 | [106] |
| 厌氧污泥颗粒 | 粪球红细菌-NRRL | 半连续 | 小麦淀粉 | 201mL/g淀粉 | [108] |
| 厌氧污泥颗粒 | *Rhodovulum sulfidophilum* TH-102 | 半连续 | 葡萄糖 | 1694mL/L发酵液 | [109] |
| 厌氧污泥颗粒 | 红假单胞菌 | 半连续 | 小麦粉 | 65.2cm³/g淀粉 | [110] |
| 丙酮丁醇梭菌 | 类球红细菌 | 序批次 | 淀粉 | 5.11mol/mol葡萄糖 | [111] |
| *Pantoea agglomerans* BH-18 | *Marichromatium purpuratum* LC83 | 序批次 | 葡萄糖 | 1240mL/L发酵液 | [112] |
| *C. butyricum* NRRL-B 1024 | *R. palustris* GCA009 | 序批次 | 葡萄糖 | 6.4mol/mol葡萄糖 | [113] |

理论上暗-光联合生物制氢能够把1mol葡萄糖转化为12mol氢气，但是相应的菌种还没有被报道，因为在产氢过程中部分有机质被微生物的生长代谢利用，同时还存在一些未知的代谢途径对底物进行消耗。暗-光联合一步法产氢减少了反应器的运行数量，降低了仪器运行维护成本，但是菌种生长环境的差异限制了发酵过程的底物的利用，暗发酵细菌偏好高温和低pH的环境[114,115]，而光合细菌大部分偏好中温和中性pH的环境[116,117]，同时暗发酵过程中会产生一定浓度的铵根离子，而铵根离子对光合细菌的固氮酶活性会产生抑制作用[117]，造成发酵液中有机物利用不彻底，高浓度的有机物残留在发酵尾液中[118]。高的产氢速率是产氢发酵的一个重要参考指标，但是在以生物质秸秆粉为底物进行暗-光联合一步法发酵产氢过程中，较高的产氢速率使大量的秸秆粉出现悬浮，甚至在发酵装置上面出现结壳现象，阻碍了光线的传输，造成光合细菌得不到充足的光电子，光合磷酸化产生的ATP能量不足[73,74]，导致光合细菌产氢代谢缓慢。光合细菌消耗小分子酸的速率低于暗发酵菌产生的小分子酸的速率，小分子酸逐渐在发酵液中累积，当浓度超过一定范围，小分子酸浓度会抑制光合产氢代谢的进行，最终导致整个过程底物能量转移到氢气的量较少，大量的有机物仍残留在发酵液中，增加了后期尾液处理工序的难度。

## 1.3　暗-光联合生物制氢过渡态调控的意义

在暗-光联合两步法生物制氢的过程中，把暗发酵产氢阶段过渡到光合产氢阶段的衔接阶段称为过渡态。在联合的过程中暗发酵阶段产氢的同时伴随着小分子酸逐渐累积，造成发酵液中的pH逐渐下降，当低于一定的数值时，会抑制产氢代谢的进行，大量的有机物得不到有效降解，造成底物转化率低。当以暗发酵尾液进行光合产氢时，发酵液中除了小分子酸外，还有一定浓度的铵根离子以及其他产氢抑制物（糠醛等），当尾液中的铵根离子浓度和小分子酸的浓度超过光合细菌发酵最佳浓度的范围，光合细菌的产氢代谢活动就会被抑制，所以需要对发酵液进行一定的预处理来降低发酵液中的铵根离子和小分子酸的浓度[117]，从而使光合细菌能够较好地适应发酵环境。产氢培养基的加入为微生物代谢活性提供了微量元素和适宜的环境[119]，如培养基中的蛋白胨为微生物生长提供氮元，磷酸盐为细胞的合成提供磷元素，氯化钠的加入在维护细胞内外的渗透压上起着重要的作用。但是发酵结束后仍有部分试剂残留，如氯化钠只有少部分参与细胞内的代谢活动，大量残留在发酵结束后的尾液中，从一个阶段过渡到另一个阶段时，继续加入相应的试剂可能引起发酵液的浓度高于微生物的胞内浓度，造成胞内外产生压力差，微生物会消耗大量的能量来维持胞内外压力平衡，造成能量的流失，因而过渡阶段培养基的优化是一个非常重要的过程。在自然情况下，光合细菌的絮凝性比较差，对外界环境的缓冲能力低，目前采用细胞固定技术，如琼脂包埋、膜固定等可以加强细胞的凝聚性[107]，提高微生物对环境的缓冲能力，但是固定后的细胞透光性比较差，阻碍了光线的传输，造成部分微生物接受到的光电子不足，最终导致产氢代谢不旺盛，所以增强微生物的絮凝性是提高暗 - 光联合过程中产氢量的必要条件。目前暗 - 光联合产氢主要采用纯菌种为接种物，与纯菌种相比混合菌群有着较强的协同共生能力，对环境和工艺要求低，简化了操作过程。

从以上分析可以看出，过渡态的调控工艺研究和优化是实现暗 - 光联合高效产氢的关键，通过对调控机理进行分析能使我们深入理解过渡态各种复杂的生化问题。

# 参考文献

[1] BP 世界能源统计年鉴 [J].2019. https://www.bp.com/.

[2] 荆艳艳. 超微秸秆光合生物产氢体系多相流数值模拟与流变特性实验研究 [D]. 郑州：河南农业大学，2011.

[3] 胡二江. 天然气 - 氢气混合燃料结合 EGR 的发动机和预混层流燃烧研究 [D]. 西安：西安交通大学，2010.

[4] 姜磊，李兴虎，王宇，等. 天然气 / 氢气混合燃料发动机的稀燃极限和排放特性试验研究 [J]. 汽车工程，2008, 30:198-201.

[5] 中国氢能联盟. 中国氢能源及燃料电池产业白皮书 [Z]. 2019-06-26.

[6] 国家发展改革委, 国家能源局. 能源技术革命创新行动计划（2016 ～ 2030 年）[Z]. 2016-06-01. 中国.

[7] Nasirian N, Almassi M, Minaei S, et al. Development of a method for biohydrogen production from wheat straw by dark fermentation[J]. Int J Hydrogen Energy, 2011, 36:411-420.

[8] Kongjan P, O-Thong S, Kotay M, et al. Biohydrogen production from wheat straw hydrolysate by dark fermentation using extreme thermophilic mixed culture[J]. Biotechnol Bioeng, 2010, 105:899-908.

[9] Ghimire A, Frunzo L, Pirozzi F, et al. A review on dark fermentative biohydrogen production from organic biomass: Process parameters and use of by-products[J]. Appl Energy, 2015,

144:73-95.

[10] Kostesha N, Willquist K, Emneus J, et al. Probing the redox metabolism in the strictly anaerobic, extremely thermophilic, hydrogen-producing *Caldicellulosiruptor saccharolyticus* using amperometry[J]. Extremophiles, 2011, 15:77-87.

[11] Mars A E, Veuskens T, Budde M A W, et al. Biohydrogen production from untreated and hydrolyzed potato steam peels by the extreme thermophiles *Caldicellulosiruptor saccharolyticus* and *Thermotoga neapolitana*[J]. Int J Hydrogen Energy, 2010, 35:7730-7737.

[12] Kumar N, Das D. Erratum to "Enhancement of hydrogen production by *Enterobacter cloacae* IIT-BT 08"[J]. Process Biochem, 2000, 35:9592-9592.

[13] Mandal B, Nath K, Das D. Improvement of biohydrogen production under decreased partial pressure of $H_2$ by *Enterobacter cloacae*[J]. Biotechnol Lett, 2006, 28:831-835.

[14] 钱卫东，王婷. 影响暗发酵制氢因素的研究进展[J]. 食品与发酵工业，2012, 5:158-163.

[15] 罗欢，黄兵. 温度对固定化微生物发酵制氢的影响[J]. 江西农业学报，2013, 25:115-117.

[16] Yokoyama H, Waki M, Moriya N, et al.Effect of fermentation temperature on hydrogen production from cow waste slurry by using anaerobic microflora within the slurry[J]. Appl Microbiol Biotechnol, 2007, 74:474-483.

[17] Qiu C, Yuan P, Sun L, et al. Effect of fermentation temperature on hydrogen production from xylose and the succession of hydrogen-producing microflora[J]. J Chem Technol Biotechnol, 2017, 92:1990-1997.

[18] 曹先艳，袁玉玉，赵由才，等. 温度对餐厨垃圾厌氧发酵产氢的影响[J]. 同济大学学报（自然科学版），2008, 7:742-745.

[19] Wang Y Z, Zhang L, Xu T, et al. Influence of initial anolyte pH and temperature on hydrogen production through simultaneous saccharification and fermentation of lignocellulose in microbial electrolysis cell[J]. Int J Hydrogen Energy, 2017, 42:22663-22670.

[20] 肖本益，刘俊新. pH对碱处理污泥厌氧发酵产氢的影响[J]. 科学通报，2005, 50:2734-2738.

[21] 张全国，孙堂磊，荆艳艳，等. 玉米秸秆酶解液上清液厌氧发酵产氢工艺优化[J]. 农业工程学报，2016, 32:233-238.

[22] 陈攀，吴昊，贺爱永，等. pH值对 *Clostridium beijerinckii* 发酵联产丁醇与氢气的影响及其动力学模型[J]. 过程工程学报，2015, 15:489-494.

[23] Carrillo-Reyes J, Celis L B, Alatriste-Mondragón F, et al. Decreasing methane production in hydrogenogenic UASB reactors fed with cheese whey[J]. Biomass and Bioenergy, 2014, 63:101-108.

[24] Liu G, Shen J. Effects of culture and medium conditions on hydrogen production from starch using anaerobic bacteria[J]. J Biosci Bioeng, 2005, 98:251-256.

[25] 蔡英超，张鹏，苏宏，等. pH值对剩余污泥暗发酵产氢的影响[J]. 环境与科学技术，2014, 37:144-147.

[26] Shin H S, Youn J H, Kim S H. Hydrogen production from food waste in anaerobic mesophilic and thermophilic acidogenesis[J]. Int J Hydrogen Energy, 2004, 29:1355-1363.

[27] Sivagurunathan P, Kumar G, Bakonyi P, et al. A critical review on issues and overcoming strategies for the enhancement of dark fermentative hydrogen production in continuous systems[J]. Int J Hydrogen Energy, 2016, 41:3820-3836.

[28] 李瑞雪. 碳氮比对厌氧发酵生物制氢影响规律的研究[D]. 西安：西北大学，2011.

[29] Rughoonundun H, Mohee R, Holtzapple M T. Influence of carbon-to-nitrogen ratio on the mixed-acid fermentation of wastewater sludge and pretreated bagasse[J]. Bioresour Technol, 2012, 112:91-97.

[30] Roy D, Hassan K, Boopathy R. Effect of carbon to nitrogen (C ：N) ratio on nitrogen removal from shrimp production waste water using sequencing batch reactor[J]. J Ind Microbiol Biotechnol, 2010, 37:1105-1110.

[31] 田京雷，冯雅丽，李浩然，等. 养殖场鸡粪废水碳氮质量比对厌氧发酵产氢的影响[J]. 中国农业大学学报，2011, 16:79-83.

[32] 李永峰，任南琪，郑国香，等. 碳氮质量比对发酵细菌产氢性能的影响[J]. 化学工程，2005, 33:41-43.

[33] del Pilar Anzola-Rojas M, da Fonseca S G, da Silva C C, et al.The use of the carbon/nitrogen ratio and specific organic loading rate as tools for improving biohydrogen production in fixed-bed reactors[J]. Biotechnol Reports, 2015, 5:46-54.

[34] Androga D D, Özgür E, Eroglu I, et al. Significance of carbon to nitrogen ratio on the long-term stability of continuous photofermentative hydrogen production[J]. Int J Hydrogen Energy, 2011, 36:15583-15594.

[35] Lu C, Wang Y, Lee D-J, et al. Biohydrogen production in pilot-scale fermenter:Effects of hydraulic retention time and substrate concentration[J]. J Clean Prod, 2019, 229:751-760.

[36] Hussy I, Hawkes F R, Dinsdale R, et al. Continuous fermentative hydrogen production from a wheat starch co-product by mixed microflora[J]. Biotechnol Bioeng, 2003, 84:619-626.

[37] 刘晓烨，张洪，李永峰. 水力停留时间对复合式厌氧折流板反应器乙醇型发酵制氢系统的影响[J]. 环境科学，2014, 35:2433-2438.

[38] 王媛媛，张衍林. 以猪粪为发酵底物厌氧发酵产氢工艺的优化[J]. 农业工程学报，2009, 25:237-242.

[39] Silva-Illanes F, Tapia-Venegas E, Schiappacasse M C, et al. Impact of hydraulic retention time (HRT) and pH on dark fermentative hydrogen production from glycerol[J]. Energy, 2017,

141:358-367.

[40] 胡常英，马清河，刘丽娜，等. 金属离子与生命活动 [J]. 生物学通报，2005, 40:6-7.

[41] 刘士清，刘伟伟，马欢，等. 不同金属离子对生物质发酵产氢的影响 [J]. 农业工程，2010, 26:290-296.

[42] 李永峰，陈红，岳莉然，等. 不同金属离子对产氢发酵细菌 *Biohydrogenbacterium* R3 sp.nov. 发酵产氢能力的影响 [J]. 太阳能学报，2013, 34:1280-1287.

[43] 曹东福，黄兵，张继春. Fe 对厌氧发酵生物制氢的影响研究 [J]. 江西农业学报，2007, 19:86-88.

[44] 辛红梅. $Fe_3O_4$ 纳米颗粒对废水厌氧发酵产氢的影响研究 [D]. 哈尔滨：哈尔滨工业大学，2016.

[45] Taherdanak M, Zilouei H, Karimi K. Investigating the effects of iron and nickel nanoparticles on dark hydrogen fermentation from starch using central composite design[J]. Int J Hydrogen Energy, 2015, 40:12956-12963.

[46] 李慧婷. 典型纳米金属氧化物对厌氧颗粒污泥体系的影响及作用机制 [D]. 哈尔滨：哈尔滨工业大学，2017.

[47] Sreekantan S, San E P, Lai C W, et al. Nanotubular transition metal oxide for hydrogen production. Adv Mater Res, 2011, 364:494-499.

[48] 汤桂兰，汤亲青，黄健，等. 不同底物种类对厌氧发酵产氢的影响 [J]. 环境科学，2008, 29:2345-2349.

[49] Li Y, Zhang Z, Zhu S, et al. Comparison of bio-hydrogen production yield capacity between asynchronous and simultaneous saccharification and fermentation processes from agricultural residue by mixed anaerobic cultures[J]. Bioresour, Technol, 2018, 247:1210-1214.

[50] 曾小梅. 餐厨垃圾暗 - 光耦联发酵制氢研究 [J]. 环境科学与管理，2013, 38:152-155.

[51] Hay J X W, Wu T Y, Juan J C, et al. Improved biohydrogen production and treatment of pulp and paper mill effluent through ultrasonication pretreatment of wastewater[J]. Energy Convers Manag, 2015, 106:576-583.

[52] de Amorim E L C, Sader L T, Silva E L. Effect of substrate concentration on dark fermentation hydrogen production using an anaerobic fluidized bed reactor[J]. Appl Biochem Biotechnol, 2012, 166:1248-1263.

[53] Chaitanya N, Satish Kumar B, Himabindu V, et al. Strategies for enhancement of bio-hydrogen production using mixed cultures from starch effluent as substrate[J]. Biofuels, 2018, 9:341-352.

[54] Wang S, Zhang T, Su H. Enhanced hydrogen production from corn starch wastewater as nitrogen source by mixed cultures[J]. Renew Energy, 2016, 96:1135-1141.

[55] Chen C C, Chuang Y S, Lin C Y, et al. Thermophilic dark fermentation of untreated rice straw

using mixed cultures for hydrogen production[J]. Int J Hydrogen Energy, 2012, 37:15540-15546.

[56] Maru B T, Constanti M, Stchigel A M, et al. Biohydrogen production by dark fermentation of glycerol using *Enterobacter* and *Citrobacter* sp[J]. Biotechnol Prog, 2013, 29:31-38.

[57] Romão B B, Batista F R X, Ferreira J S, et al. Biohydrogen production through dark fermentation by a microbial consortium using whey permeate as substrate[J]. Appl Biochem Biotechnol, 2014, 172:3670-3685.

[58] Seifert K, Zagrodnik R, Stodolny M, et al. Biohydrogen production from chewing gum manufacturing residue in a two-step process of dark fermentation and photofermentation[J]. Renew Energy, 2018, 122:526-532.

[59] de Sá L R V, Cammarota M C, de Oliveira T C, et al. Pentoses, hexoses and glycerin as substrates for biohydrogen production: An approach for Brazilian biofuel integration[J]. Int J Hydrogen Energy, 2013, 38:2986-2997.

[60] Han W, Ye M, Zhu A J, et al. Batch dark fermentation from enzymatic hydrolyzed food waste for hydrogen production[J]. Bioresour Technol, 2015, 191:24-29.

[61] Talaiekhozani A, Rezania S. Application of photosynthetic bacteria for removal of heavy metals, macro-pollutants and dye from wastewater: A review[J]. J Water Process Eng, 2017, 19:312-321.

[62] 王毅，安静，张全国，等. 光合细菌光合作用及固氮酶产氢作用研究进展[J]. 可再生能源，2009, 27:52-57.

[63] Allakhverdiev S I, Thavasi V, Kreslavski V D, et al. Photosynthetic hydrogen production[J]. J Photochem Photobiol C Photochem Rev, 2010, 11:101-113.

[64] Meyer J, Kelley B C, Vignais P M. Effect of light on nitrogenase function and synthesis in *Rhodopseudomonas capsulata*[J]. J Bacteriol, 1978, 136:201-208.

[65] Eroglu E, Melis A. Photobiological hydrogen production: Recent advances and state of the art[J]. Bioresour Technol, 2011, 102:8403-8413.

[66] 李鑫. NaHSO₃提高微藻光合产氢的优化及其应用性研究[D]. 上海：上海师范大学，2013.

[67] Miura Y. Hydrogen production by photosynthetic microorganisms[J]. Fuel Energy Abstr, 1996, 37:186.

[68] Benemann J R. Hydrogen production by microalgae[J]. J Appl Phycol, 2000, 12:291-300.

[69] 张洋，周雪花，张志萍，等. 暗间歇时长对光合生物制氢的影响[J]. 太阳能学报，2016, 37:1322-1326.

[70] 安静. 光源和光谱对光合产氢菌群产氢工艺影响研究[D]. 郑州：河南农业大学，2009.

[71] 谢学旺，朱恂，廖强，等. 光照条件对光合细菌跨膜传输及产氢特性的影响[J]. 太阳能

学报，2012, 33:1814-1819.

[72] Uyar B, Eroglu I, Yücel M, et al. Effect of light intensity, wavelength and illumination protocol on hydrogen production in photobioreactors[J]. Int J Hydrogen Energy, 2007, 32:4670-4677.

[73] Phlips E J, Mitsui A. Role of light intensity and temperature in the regulation of hydrogen photoprcduction by marine cyanobacterium *Oscillatoria* sp. strain Miami BG7[J]. Appl Environ Microbiol, 1983, 45:1212-1220.

[74] Kumar D, Kumar H D. Effect of monochromatic lights on nitrogen fixation and hydrogen evolution in the isolated heterocysts of *Anabaena* sp. strain CA[J]. Int J Hydrogen Energy, 1991, 16:397-401.

[75] 蒋丹萍，韩滨旭，王毅，等. HAU-M1光合产氢细菌的生理特征和产氢特性分析[J]. 太阳能学报，2015, 36:290-294.

[76] 张国欣. 光合菌群产氢特性及其秸秆发酵制氢初探[D]. 大庆：东北石油大学，2011.

[77] Xie G J, Liu B F, Ding J, et al. Enhanced photo-H₂ production by *Rhodopseudomonas faecalis* RLD-53 immobilization on activated carbon fibers[J]. Biomass and Bioenergy, 2012, 44:122-129.

[78] Guo C L, Zhu X, Liao Q, et al.Enhancement of photo-hydrogen production in a biofilm photobioreactor using optical fiber with additional rough surface[J]. Bioresour Technol, 2011, 102:8507-8513.

[79] Zhang C, Zhu X, Liao Q, et al. Performance of a groove-type photobioreactor for hydrogen production by immobilized photosynthetic bacteria[J]. Int J Hydrogen Energy, 2010, 35:5284-5292.

[80] Zhang L, Feng X, Zhu N, et al. Role of extracellular protein in the formation and stability of aerobic granules[J]. Enzyme Microb Technol, 2007, 41:551-557.

[81] Xie G J, Liu B F, Xing D F, et al. Photo-fermentative bacteria aggregation triggered by L-cysteine during hydrogen production[J]. Biotechnol Biofuels, 2013, 6:1-14.

[82] Xie G J, Liu B F, Ding J, et al. Effect of carbon sources on the aggregation of photo fermentative bacteria induced by L-cysteine for enhancing hydrogen production[J]. Environ Sci Pollut Res, 2016, 23:25312-25322.

[83] Xie G J, Liu B F, Wen H Q, et al. Bioflocculation of photo-fermentative bacteria induced by calcium ion for enhancing hydrogen production[J]. Int J Hydrogen Energy, 2013, 38:7780-7788.

[84] Liu H, Zhang Z, Zhang Q, et al. Optimization of photo fermentation in corn stalk through phosphate additive[J]. Bioresour Technol Reports, 2019, 7:100278.

[85] Yang G, Wang J. Various additives for improving dark fermentative hydrogen production: A review[J]. Renew Sustain Energy Rev, 2018,95:130-146.

[86] 刘会亮. 磷酸盐和碳酸盐对光合细菌同步糖化发酵产氢的影响 [D]. 郑州：河南农业大学，2018.

[87] 李刚，岳建芝，周雪花，等. 反应器顶部气体成分对光合细菌生长和产氢量的影响 [J]. 河南农业大学报，2010, 44:70-73.

[88] Zhang Z, Wang Y, Hu J, et al. Influence of mixing method and hydraulic retention time on hydrogen production through photo-fermentation with mixed strains[J]. Int J Hydrogen Energy, 2015, 40:6521-6529.

[89] Wu Y N, Wen H Q, Zhu J N, et al. Best mode for photo-fermentation hydrogen production: The semi-continuous operation[J]. Int J Hydrogen Energy, 2016, 41:16048-16054.

[90] 邓文斌. 外加电场辅助质子传递供类球红细菌光合产氢研究 [D]. 重庆：西南大学，2010.

[91] 李文哲，殷丽丽，王明，等. 底物浓度对餐厨废弃物与牛粪混合产氢发酵的影响 [J]. 东北农业大学学报，2014, 45:103-109.

[92] Li Y, Zhang Z, Jing Y, et al. Statistical optimization of simultaneous saccharification fermentative hydrogen production from *Platanus orientalis* leaves by photosynthetic bacteria HAU-M1[J]. Int J Hydrogen Energy, 2017, 42:5804-5811.

[93] Lu C, Zhang Z, Ge X, et al. Bio-hydrogen production from apple waste by photosynthetic bacteria HAU-M1[J]. Int J Hydrogen Energy, 2016, 41:13399-13407.

[94] Liu B F, Ren N Q, Xie G J, et al. Enhanced bio-hydrogen production by the combination of dark- and photo-fermentation in batch culture[J]. Bioresour Technol, 2010, 101:5325-5329.

[95] Hitit Z Y, Zampol Lazaro C, Hallenbeck P C. Increased hydrogen yield and COD removal from starch/glucose based medium by sequential dark and photo-fermentation using *Clostridium butyricum* and *Rhodopseudomonas palustris*[J]. Int J Hydrogen Energy, 2017, 42:18832-18843.

[96] Silva F T M, Moreira L R, de Souza Ferreira J, et al. Replacement of sugars to hydrogen production by *Rhodobacter capsulatus* using dark fermentation effluent as substrate[J]. Bioresour Technol, 2016, 200:72-80.

[97] Azbar N, Cetinkaya Dokgoz F T. The effect of dilution and l-malic acid addition on bio-hydrogen production with *Rhodopseudomonas palustris* from effluent of an acidogenic anaerobic reactor[J]. Int J Hydrogen Energy, 2010, 35:5028-5033.

[98] Seifert K, Zagrodnik R, Stodolny M, et al. Biohydrogen production from chewing gum manufacturing residue in a two-step process of dark fermentation and photofermentation[J]. Renew Energy, 2018, 122:526-532.

[99] Cheng J, Ding L, Xia A, et al. Hydrogen production using amino acids obtained by protein degradation in waste biomass by combined dark- and photo-fermentation[J]. Bioresour Technol, 2015, 179:13-19.

[100] Xia A, Cheng J, Lin R, et al. Combination of hydrogen fermentation and methanogenesis to enhance energy conversion efficiency from trehalose[J]. Energy, 2013, 55:631-637.

[101] Zong W, Yu R, Zhang P, et al. Efficient hydrogen gas production from cassava and food waste by a two-step process of dark fermentation and photo-fermentation[J]. Biomass and Bioenergy, 2009, 33:1458-1463.

[102] Yang H, Guo L, Liu F. Enhanced bio-hydrogen production from corncob by a two-step process: Dark- and photo-fermentation[J]. Bioresour Technol, 2010, 101:2049-2052.

[103] Morsy F M. Synergistic dark and photo-fermentation continuous system for hydrogen production from molasses by *Clostridium acetobutylicum* ATCC 824 and *Rhodobacter capsulatus* DSM 1710[J]. J Photochem Photobiol B Biol, 2017, 169:1-6.

[104] 张全国，张甜，张志萍，等. 光合细菌协同产气肠杆菌联合发酵制氢试验[J]. 农业工程，2017, 33:243-249.

[105] Zagrodnik R, Łaniecki M. Hydrogen production from starch by co-culture of *Clostridium acetobutylicum* and *Rhodobacter sphaeroides* in one step hybrid dark- and photofermentation in repeated fed-batch reacto[J]. Bioresour Technol, 2017, 224:298-306.

[106] Zagrodnik R, Łaniecki M. The role of pH control on biohydrogen production by single stage hybrid dark- and photo-fermentation[J]. Bioresour Technol, 2015, 194:187-195.

[107] Xie G J, Feng L B, Ren N Q, et al. Control strategies for hydrogen production through co-culture of *Ethanoligenens harbinense* B49 and immobilized *Rhodopseudomonas faecalis* RLD-53[J]. Int J Hydrogen Energy, 2010, 35:1929-1935.

[108] Ozmihci S, Kargi F. Effects of starch loading rate on performance of combined fed-batch fermentation of ground wheat for bio-hydrogen production[J]. Int J Hydrogen Energy, 2010, 35:1106-1111.

[109] Cai J, Guan Y, Jia T, et al. Hydrogen production from high slat medium by co-culture of *Rhodovulum sulfidophilum* and dark fermentative microflora[J]. Int J Hydrogen Energy, 2018, 43:10959-10966.

[110] Kargi F, Ozmihci S. Effects of dark/light bacteria ratio on bio-hydrogen production by combined fed-batch fermentation of ground wheat starch[J]. Biomass and Bioenergy, 2010, 34:869-874.

[111] Zagrodnik R, Łaniecki M. The effect of pH on cooperation between dark- and photo-fermentative bacteria in a co-culture process for hydrogen production from starch[J]. Int J Hydrogen Energy, 2017, 42:2878-2888.

[112] Zhu D, Gao G, Wang G, et al. Photosynthetic bacteria *Marichromatium purpuratum* LC83 enhances hydrogen production by *Pantoea agglomerans* during coupled dark and

photofermentation in marine culture[J]. Int J Hydrogen Energy, 2016, 41:5629-5639.

[113] Chandra R, Venkata Mohan S. Enhanced bio-hydrogenesis by co-culturing photosynthetic bacteria with acidogenic process: Augmented dark-photo fermentative hybrid system to regulate volatile fatty acid inhibition[J]. Int J Hydrogen Energy, 2014, 39:7604-7615.

[114] 吴梦佳. 污泥混合菌种暗发酵与光发酵联合制氢[D]. 天津：天津大学，2014.

[115] Özgür E, Mars A E, Peksel B, et al. Biohydrogen production from beet molasses by sequential dark and photofermentation[J]. Int J Hydrogen Energy, 2010, 35:511-517.

[116] Cheng J, Xia A, Liu Y, et al. Combination of dark- and photo-fermentation to improve hydrogen production from *Arthrospira platensis* wet biomass with ammonium removal by zeolite[J]. Int J Hydrogen Energy, 2012, 37:13330-13337.

[117] Ding J, Liu B F, Ren N Q,et al. Hydrogen production from glucose by co-culture of *Clostridium butyricum* and immobilized *Rhodopseudomonas faecalis* RLD-53[J]. Int J Hydrogen Energy, 2009, 34:3647-3652.

[118] Sağır E, Yucel M, Hallenbeck P C. Demonstration and optimization of sequential microaerobic dark- and photo-fermentation biohydrogen production by immobilized *Rhodobacter capsulatus* JP91[J]. Bioresour Technol, 2018, 250:43-52.

[119] Ozmihci S, Kargi F. Bio-hydrogen production by photo-fermentation of dark fermentation effluent with intermittent feeding and effluent removal[J]. Int J Hydrogen Energy, 2010, 35:6674-6680.

# 第2章
# 暗-光联合生物制氢过程中暗发酵过程特性及调控技术

## 2.1 暗发酵工艺与产氢特性相关关系

暗发酵生物制氢因其原料来源广、操作简单、产氢速率高、产氢周期短等特点，成为国内外制氢技术的一个主要研究方向，同时暗发酵制氢是暗-光联合生物制氢的一个重要环节，暗发酵产氢阶段工艺的优化有助于提高底物的降解率。近年，生物制氢的原料逐渐从含糖高的有机废物转移到富含碳水化合物的农作物秸秆[1,2]。木质素、纤维素和半纤维素是农作物秸秆的主要组成部分，依靠木质素的复杂结构紧凑地连接在一起，为了打开复杂的分子链，实现资源化利用，需要对其进行破坏。目前主要通过纤维素酶来打破它们之间的壁垒，使多聚糖分解成单糖，然后通过微生物发酵技术把单糖转化为氢气，所以以秸秆为发酵原料的产氢过程可以分为三个阶段：预处理阶段、酶水解阶段和发酵产氢阶段。在酶水解阶段，纤维素被水解成单糖，然后单糖被利用进行发酵产氢，纤维素的酶水解和微生物发酵产氢分步进行的发酵模式被称为分步糖化发酵[3,4]。然而，纤维素的酶水解和微生物发酵可以耦合于同一反应器同时进行，这个过程被称为同步糖化发酵[5,6]。由于纤维素酶最佳的酶解工艺条件与产氢菌发酵最佳工艺不一致[6]，导致同步糖化发酵技术的应用受到限制。但是同步糖化发酵技术有着操作步骤简单、实验装置少、运行成本低等特点，更重要的是该技术可以解除葡萄糖和纤维二糖对纤维素酶的反馈抑制作用[5-8]，这就使得同步糖化发酵工艺成为重要研究方向。目前同步糖化发酵技术主要运用在乙醇和乳酸发酵过程中，在生物制氢中研究比较少[7,9]。产氢发酵过程受到多个因素的影响如温度、初始pH、底物浓度、接种量、酶负荷等。为了得到最佳产氢量，需要对产氢发酵工艺进行优化。

## 2.2 发酵模式的调控

### 2.2.1 发酵模式的调控下累积产氢量的差异性

从不同秸秆在同步糖化发酵和分步糖化发酵模式下的产氢效果可以看出暗发酵产氢延迟期比较短，在2～3h就有氢气释放出来，暗发酵产氢的高峰期集中在前24h。在同步糖化发酵产氢的前12h，玉米秸秆、水稻秸秆、玉米芯和高粱秸秆的产氢速率较快，对应的累积产氢曲线的斜率比较大。同步糖化发酵产氢运行到60h后基本没有氢气释放，产氢周期为60h。在同步糖化发酵过程中，玉米芯的累积产氢量比较大，达到（479.45±14.2）mL，这是因为玉米芯的木质素含量低使玉米芯中的纤维素容易被降解成单糖。水稻秸秆为产氢底物时，产氢量次于玉米芯，为（446.32±12.5）mL，低含量的木质素使纤维素容易被纤维素酶水解成单糖。玉米秸秆和高粱秸秆为底物时，最终累积产氢量比较接近分别为（383.02±11.22）mL和（387.46±11.6）mL，小麦秸秆的累积产氢量最少，因为小麦秸秆的木质素含量较高并且纤维素含量较低，木质素紧密地包围着纤维素，阻碍了纤维素和纤维素酶之间的接触，抑制了小麦秸秆的水解，最终导致累积产氢量较少，为（291.88±11.4）mL。在分步糖化发酵产氢过程中，原料首先进行48h的酶水解反应，然后加入产氢细菌和产氢培养基进行产氢实验，在分步糖化发酵产氢结束时，玉米芯为底物，获得最高的累积产氢量为（420.61±9.2）mL，其次为水稻秸秆，累积产氢量为（404.62±11.2）mL，在分步糖化发酵产氢过程中以高粱为底物的累积产量明显高于以玉米秸秆为底物的累积产氢量，分别为（365.79±10.2）mL和（317.75±11.2）mL，这与同步糖化发酵过程的产氢量有着区别，是由酶水解过程中底物的降解特性引起的。以小麦秸秆为底物时，获得最低的累积产氢量，为（293.61±10.2）mL（图2-1）。

通过对累积产氢量分析可以看出，当产氢底物为玉米秸秆、水稻秸秆、玉米芯和高粱秸秆时，采用同步糖化发酵模式获得的产氢量比分步糖化发酵提高

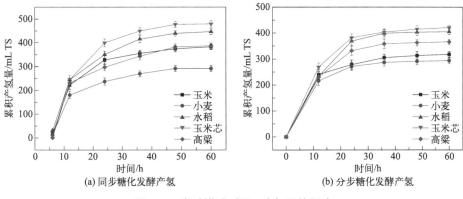

(a) 同步糖化发酵产氢　　　　　　　　(b) 分步糖化发酵产氢

图2-1　发酵模式对累积产氢量的影响

了20.54%、10.31%、13.99%和5.92%，这是因为在同步糖化发酵产氢过程中，底物在被酶水解成单糖的同时也被产氢细菌利用，有效解除了酶水解产生的纤维二糖和葡萄糖的累积对纤维素酶产生的抑制作用，促进酶水解的正向运行，提高了底物的转化效率，然而小麦秸秆同步糖化发酵的累积产氢量低于分步糖化发酵的累积产氢量，因为小麦秸秆木质素含量较高，纤维酶需要在最佳的反应条件才能对其进行有效水解，但是两者的差别不是很大。从累积产氢量来看，在暗发酵产氢阶段，同步糖化发酵是一种有潜力的产氢方式。从能量转化效率来看，玉米芯同步糖化发酵产氢的能量转化效率最高达到6.96%，其次是高粱秸秆同步糖化发酵产氢，为6.61%，玉米秸秆为底物的分步糖化发酵产氢过程的能量转化效率最低，为4.39%（表2-1）。

表2-1　产氢量和能量转化率的对比

| 发酵模式 | 发酵底物 | 累积产氢量/mL | 单位质量产氢量/（mL/g TS） | 能量转化/% |
|---|---|---|---|---|
| 同步糖化发酵 | 玉米 | 383.02 ± 11.22 | 80.08 | 5.29 |
| | 小麦 | 291.88 ± 11.4 | 62.49 | 5.21 |
| | 水稻 | 446.32 ± 12.5 | 95.20 | 6.06 |
| | 玉米芯 | 479.45 ± 14.2 | 102.62 | 6.96 |
| | 高粱 | 387.46 ± 11.6 | 81.94 | 6.61 |
| 分步糖化发酵 | 玉米 | 317.75 ± 11.2 | 66.44 | 4.39 |
| | 小麦 | 293.61 ± 10.2 | 62.86 | 5.24 |
| | 水稻 | 404.62 ± 11.2 | 86.31 | 5.49 |

续表

| 发酵模式 | 发酵底物 | 累积产氢量/mL | 单位质量产氢量/（mL/g TS） | 能量转化/% |
|---|---|---|---|---|
| 分步糖化发酵 | 玉米芯 | 420.61 ± 9.2 | 90.03 | 6.10 |
| | 高粱 | 365.79 ± 10.2 | 77.36 | 6.24 |

采用冈珀茨模型（Gompertz model）对两种发酵模式的累积产氢数据进行分析，结果如图2-2所示，拟合得到的动力学参数值如表2-2所示，$R^2$（修正系数）均在0.97以上，表明拟合效果较好。

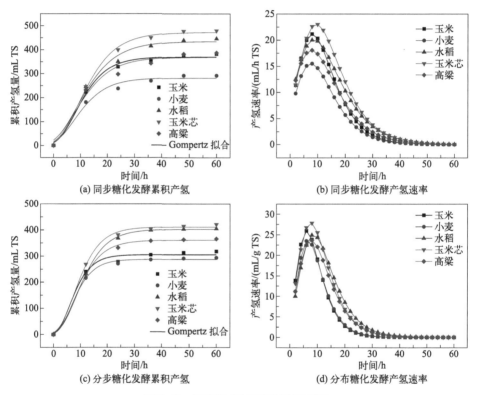

图2-2　发酵模式对产氢过程的影响

表2-2　产氢动力学变量

| 同步糖化发酵 | $P_{max}$/mL TS | $r_m$/(mL/h TS) | $\lambda$/h | $R^2$ |
|---|---|---|---|---|
| 玉米 | 370.38 | 21.18 | 1.62 | 0.9949 |
| 小麦 | 291.82 | 9.87 | 0.31 | 0.9874 |
| 水稻 | 435.03 | 20.09 | 0.71 | 0.9894 |
| 玉米芯 | 472.75 | 23.06 | 1.74 | 0.9971 |
| 高粱 | 369.02 | 18.08 | 0.25 | 0.9750 |

续表

| 分步糖化发酵 | $P_{max}$/mL TS | $r_m$/(mL/h TS) | $\lambda$/h | $R^2$ |
|---|---|---|---|---|
| 玉米 | 305.56 | 25.95 | 1.71 | 0.9900 |
| 小麦 | 287.46 | 23.67 | 2.09 | 0.9974 |
| 水稻 | 402.26 | 25.00 | 2.63 | 0.9996 |
| 玉米芯 | 410.43 | 27.92 | 2.12 | 0.9979 |
| 高粱 | 360.53 | 23.71 | 2.12 | 0.9984 |

　　同步糖化发酵产氢有着较高的产氢潜能和高的产氢速率，以玉米芯为底物时，采用同步糖化发酵模式获得最大累积产氢量（$P_{max}$），为 472.75mL TS，最大产氢速率（$r_m$）为 23.06mL/h TS，而以分步糖化发酵模式获得的最大累积产氢量为 410.43mL TS，$r_m$ 为 27.92mL/h TS，同步的最大产氢速率低于分步的最大产氢速率，这可能因为分步糖化发酵液中的还原糖浓度高，菌种的生长繁殖较快，还原力累积量多，产生的氢气速率较快；但是同步糖化发酵的产氢延迟期（$\lambda$）较短，为 1.74h，而分步糖化发酵产氢延迟期较长，为 2.12h，这是由于在高浓度的还原糖溶液中，产氢细菌适应环境需要的时间比较长。水稻秸秆为底物时，在同步糖化发酵产氢中表现出较高的产氢潜能，最大累积产氢量为 435.03mL TS，$r_m$ 为 20.09mL/h TS，在分步糖化发酵产氢过程中最大累积产氢量为 402.26mL TS，$r_m$ 为 25.00mL/h TS，同步糖化发酵表现出较短的产氢延迟期，为 0.71h，而分步糖化发酵产氢的延迟期为 2.63h。

　　通过对比分析了不同发酵模式之间的差别，可得出同步糖化发酵产氢有着较短的发酵周期，因为该模式把酶水解阶段和发酵阶段耦合于同一个反应器中，使两个过程同时进行，缩短了反应周期，同步糖化发酵产氢运行 60h 产氢结束；而分步糖化发酵产氢，产氢阶段时间为 60h，但是前期的酶解预处理阶段为 48h，整个发酵过程为 108h。同时同步糖化发酵的产氢延迟期比较短，菌种能较快地适应发酵环境，两种发酵模式对氢气的浓度没有显著影响。与分步糖化发酵相比，同步糖化发酵产氢表现出较好的产氢量（表2-3）。

表2-3　不同发酵模式发酵特性对比

| 方式 | 底物 | 发酵周期/h | 延迟期/h | 产氢量/（mL/g TS） | 平均氢气浓度/% |
|---|---|---|---|---|---|
| 同步糖化发酵 | 玉米 | 60 | 1.62 | 80.09 | 45.31 |
| | 小麦 | 60 | 0.31 | 62.49 | 41.97 |
| | 水稻 | 60 | 0.71 | 95.21 | 42.39 |
| | 玉米芯 | 60 | 1.74 | 102.62 | 47.36 |
| | 高粱 | 60 | 0.25 | 81.94 | 44.36 |

| 方式 | 底物 | 发酵周期/h | 延迟期/h | 产氢量/（mL/g TS） | 平均氢气浓度/% |
|------|------|-----------|---------|-----------------|--------------|
| 分步糖化发酵 | 玉米 | 108 | 1.71 | 66.44 | 43.40 |
| | 小麦 | 108 | 2.09 | 62.86 | 42.33 |
| | 水稻 | 108 | 2.63 | 86.31 | 43.22 |
| | 玉米芯 | 108 | 2.12 | 90.03 | 45.93 |
| | 高粱 | 108 | 2.12 | 77.36 | 43.51 |

## 2.2.2 发酵模式的调控下底物的降解规律

在同步糖化发酵产氢进行到6h时，对发酵液中还原糖的浓度进行测定，以玉米芯为底物时还原糖的浓度最高，为（11.23±0.67）g/L，其次是水稻秸秆为底物时，还原糖浓度为10.25g/L，以小麦秸秆为底物时，还原糖浓度最低为7.56g/L，高粱秸秆和玉米秸秆为底物时，还原糖浓度分别为9.78g/L和8.26g/L，在相同的发酵条件下，低木质素含量的底物，发酵液中的还原糖浓度较高。从图2-3（a）可以看出，还原糖的含量在6～12h之间下降的速率较快，这是因为在此阶段大量的底物被暗发酵细菌利用进行生长代谢和产生代谢。在6～12h，玉米秸秆发酵液中的还原糖消耗速率最快，为0.60g/(L·h)，其次为小麦秸秆，发酵液中还原糖消耗速率为0.57g/(L·h)，水稻秸秆的发酵液中还原糖的消耗速率最慢为0.48g/(L·h)，玉米芯和高粱秸秆的发酵液中还原糖的消耗速率分别为0.50g/(L·h)和0.54g/(L·h)。与此阶段的产氢量对比来看，还原糖降解速率较快的实验组并没有得到最高的产氢速率，这是因为在同步糖化发酵产氢的过程中，还原糖在被消耗的同时也从底物中水解生成，即边消耗边生成，当生成速率低于消耗速率时，相对的消耗速率就大，反之亦然，所以在同步糖化发酵过程中不能按照还原糖的消耗速率来预测其产氢速率。在运行12h后，同步糖化发酵液中还原糖的消耗速率降低，因为前期还原糖主要用来进行菌种的生长代谢，而在后期菌种生长量达到发酵所需的阈值，生长代谢活动减少。

由图2-3（b）可知，分步糖化发酵产氢过程中，在发酵初始阶段，发酵液中还原糖的浓度要高于同步糖化发酵液中的糖浓度，以玉米芯为底物时，发酵液中的还原糖的浓度最高为17.64g/L，其次为水稻秸秆，为16.76g/L，小麦秸秆发酵液中的还原糖浓度最低为11.88g/L，玉米秸秆发酵液和高粱秸秆发

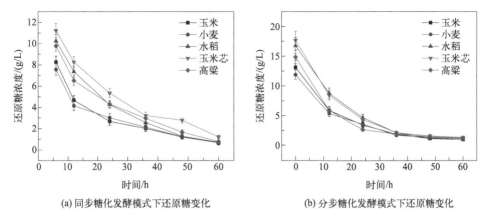

(a) 同步糖化发酵模式下还原糖变化　　　　　　(b) 分步糖化发酵模式下还原糖变化

图2-3　两种不同糖化发酵模式下还原糖的变化

酵液中的还原糖浓度分别为13.11g/L和14.85g/L。通过对比可知，分步糖化发酵液中的还原糖浓度高于同步糖化发酵液中的浓度，因为在分步糖化发酵过程中底物首先经历了48h的酶水解实验，发酵液中的还原糖一直处于累积状态，而同步糖化发酵没有前期的酶水解预处理阶段，还原糖产生的同时也被消耗。在分步糖化发酵过程中，在0～12h，还原糖消耗速率较快，其中玉米芯酶解液为底物的还原糖降解速率最大，为0.77g/(L·h)，其次是高粱秸秆酶解液为底物，为0.75g/(L·h)，小麦秸秆的酶解液为底物时，还原糖消耗速率最低为0.54g/(L·h)，玉米秸秆酶解液和水稻酶解液为底物时，还原糖消耗速率分别为0.60g/(L·h)和0.67g/(L·h)。从还原糖的消耗速率来看，分步糖化发酵过程中糖的消耗速率高于同步糖化发酵过程中糖的消耗速率，所以在0～12h，分步糖化发酵产氢过程中的累积产氢量高于同步糖化发酵累积产氢量。但是同步糖化发酵的最终累积产氢量高于分步糖化发酵累积产氢量，因为在同步糖化发酵产氢的过程中，秸秆一直处于水解阶段，不断有还原糖生成，从后期糖的消耗趋势可以看出，同步糖化发酵模式下的还原糖浓度下降趋势缓慢，而分步糖化发酵模式下的还原糖浓度下降比较快。在发酵进行60h后，两种发酵模式下还原糖浓度处于稳定状态，这是因为后期发酵液中的代谢产物的累积抑制产氢代谢的进行。

## 2.2.3　发酵模式的调控下发酵液的理化特性

pH和氧化还原电位（ORP）是影响产氢发酵的重要因素。pH的变化直接影响细菌酶的代谢活性[10]。两种发酵模式的初始pH均设置为5.5，在发酵进行到

12h时，发酵液中的pH均高于初始设定值，这可能因为产氢微生物为了适应环境，代谢活动影响了发酵液的特性[11]。暗发酵细菌在产氢发酵的过程中会产生一些副产物，如挥发性脂肪酸（乙酸、丁酸和丙酸等）[12]，而产生的挥发性脂肪酸不能作为碳源被暗发酵细菌进行产氢代谢，随着发酵的进行逐渐累积，导致暗发酵尾液的pH随着发酵的进行逐渐降低。由图2-4可知，在12～24h发酵液中的pH下降比较快，这是因为在此阶段，产氢速率较高，伴随产生的代谢副产物浓度逐渐增加，导致发酵液的pH快速下降，在同步糖化发酵液中玉米秸秆和小麦秸秆为底物时pH下降速率较快，分别从5.74±0.12，5.75±0.15下降到5.47±0.15，5.48±0.14，在分步糖化发酵液中玉米秸秆和小麦秸秆为底物时pH仍表现出较快下降速率，分别从5.94±0.12、5.85±0.13下降到5.67±0.11、5.58±0.12。随着发酵的进行，pH的下降速率逐渐降低，因为后期有机物浓度的

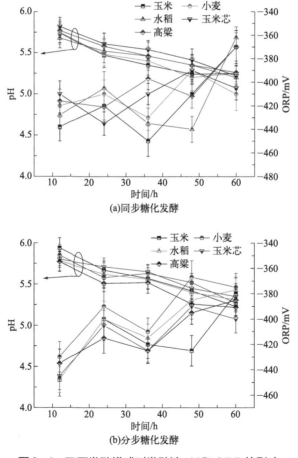

图2-4　不同发酵模式对发酵液pH和ORP的影响

降低以及代谢产物的累积抑制了产氢代谢的进行。在发酵结束时，两种产氢发酵模式的最终pH没有显著的区别，最终维持在5.2±0.12范围。

在产氢过程中低的ORP是细菌生长和产氢活动的必要条件，ORP反映产氢细菌细胞内的还原当量的净平衡[13]，当还原能力高于氧化能力时，ORP就会出现下降，反之，ORP出现上升，还原力主要来自产氢过程中微生物对底物的降解以及菌种的生长繁殖，氧化力的产生主要是发酵液中溶解的氧气[14]。ORP是发酵工艺过程的一个重要的表征参数[15]，不同范围的ORP对代谢途径也会产生影响，通过对发酵过程中的ORP调控可以控制微生物的发酵产物。王志华等[16]采用检测ORP来指导细菌生长过程中碳源的添加，当氧化还原电位上升时，表明生长基质中缺少主要的生长碳源。如图2-4所示，两种发酵模式的ORP变化趋势基本一致，在发酵进行到0～12h时，此阶段ORP处于低值，保持在−440mV到−410mV，低的ORP保证了微生物体内的辅酶的活性以及铁氧化还原蛋白和黄素蛋白等脱氢酶的活性[17]，在此阶段暗发酵细菌生长代谢旺盛，消耗发酵液中的还原糖产生大量的还原力，还原力逐渐累积，使ORP迅速降低，结果与刘会亮[18]研究一致。随着发酵的继续进行，ORP出现上升趋势，因为菌种进入到稳定期，菌种生长代谢缓慢，而产生的还原力被用来产生大量的氢气。在发酵的后期，ORP逐渐上升，因为发酵后期发酵液中产生大量的代谢抑制物，同时可利用基质浓度降低，产氢微生物逐渐衰亡，产生的还原力和消耗的还原力出现不平衡，最终产氢细菌死亡，产氢结束。在整个产氢代谢过程中，同步糖化发酵发酵液中的ORP稍微高于分步糖化发酵，同时同步糖化发酵过程中ORP处于上下波动的状态，而分步糖化发酵液的ORP上升速率比较快。但从整个发酵过程来看不同的发酵模式和不同的底物的发酵液中ORP变化范围差别不大，基本维持在−450mV到−360mV。

## 2.2.4　发酵模式的调控下发酵尾液液相成分的差异性

从不同发酵模式下发酵尾液中可溶性有机酸的含量可以看出两种发酵模式的发酵途径都是混合发酵类型，主要代谢途径为乙酸途径、丁酸途径和丙酸途径，其中乙酸途径占主要部分，其次为丁酸途径。乙酸和丁酸的浓度占总挥发性脂肪酸的92%～96%。同时还检测到少量的乙醇（数据没有显示）。同步糖化发酵的尾液中乙酸和丁酸的浓度略高于分步糖化发酵，因为在同步糖化发酵过程中，产氢代谢旺盛，对应的发酵途径产生副产物的量也随之增加。以玉米秸秆为底物时，同步糖化发酵产氢尾液中乙酸、丁酸和丙酸的浓度分别为2.72g/L、1.71g/L和0.18g/L，分步糖化发酵产氢尾液中乙酸、丁酸和丙酸的浓度分别为2.71g/L、1.41g/L和0.34g/L。小麦秸秆为底物时，同步糖化发酵模式的发酵液中乙酸的累积量一直高于分步糖化发酵的量，最终的累积量分别为3.62g/L和3.41g/L，而丁酸的最终累积量差别不是很大，分别为1.57g/L和1.66g/L，从测得累积的小分子酸的量来看，小麦秸秆为底物时最终累积量高于玉米秸秆为底物的累积量（图2-5）。

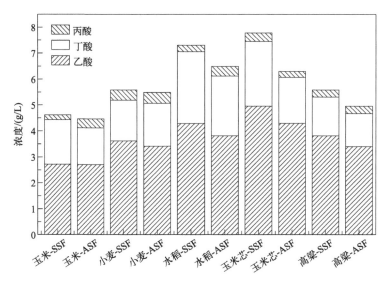

图2-5 不同发酵模式对代谢产物的影响

SSF—同步糖化发酵；ASF—分步糖化发酵

## 2.3 发酵环境pH值的调控

### 2.3.1 pH值的调控下暗发酵阶段的产氢规律

在同步糖化发酵产氢的过程中，pH起着重要的作用，因为pH不仅影响着暗发酵细菌的活性，同时也影响着纤维酶的活性。由图2-6（a）可知，同步糖化发酵过程中累积产氢量随着pH的上升先增加后降低，但是pH过低会抑制产氢代谢，所以在pH为4.5时的产氢量低于pH为5.5时的产氢量。在pH为5.5时，累积产氢量达到最大，60h时为（348.30±10）mL，pH继续增加，累积

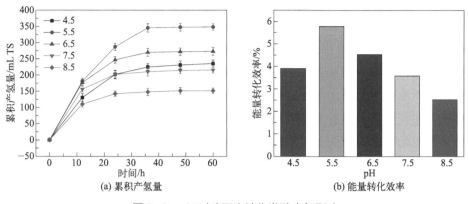

(a) 累积产氢量       (b) 能量转化效率

图2-6 pH对暗同步糖化发酵产氢影响

产氢量出现下降，当pH为8.5时，累积产氢量最少，60h时为（151.94±8）mL。可以看出偏酸性的pH有着较好的产氢效果，在中性和碱性的环境下暗发酵累积产氢量较低，但是过低的pH也会造成产氢量低，因为过低的pH环境干扰细胞内部pH的稳定，导致三磷酸腺苷（ATP）的生成能力下降，细菌没有充足的能量进行产氢，同时较低的初始pH也会抑制代谢活动所需要的酶的活性。较高的初始pH促进产氢菌的生长代谢，但是不利于秸秆的水解，因为纤维素酶活性最佳pH为4.8，较高的pH破坏了纤维素酶的结构，导致纤维素酶的活性降低，同时碱性环境会导致细胞内外质子的动力势低，阻碍了物质的传输。不同的产氢细菌、产氢底物和发酵模式有着不同的最佳初始pH。Fangkum等[20]采用高温处理后的大象粪便为暗发酵产氢接种物，以木糖和阿拉伯糖的混合物为产氢基质，最佳pH为5.5，最高产氢量为2.49mol/mol糖，而Fiala等[21]采用经过90℃温度耦合酸溶液处理（pH 3～4）后的大象粪便作为产氢接种物，以木糖为产氢基质，结果发现在初始pH为8时获得最高产氢量371mL/g VSS（挥发性悬浮物）（1.62mol/mol木糖），通过对菌种鉴定发现主要的产氢功能菌为 *Clostridium acetobutylicum* 和 *Ethanoligenens* sp.，除此之外还有一些乳酸菌，如 *Bifidobacterium minimum* 和 *Bifidobacterium* sp.。van Ginkel等[22]研究了初始pH 4.5～7.5对废水为产氢底物时产氢的影响，产氢微生物从堆肥堆、马铃薯田和大豆田中获得，结果显示当初始pH为5.5时，获得最高的产氢速率74.7mL/(L·h)，底物转化效率为38.9mL/(g·L)。由图2-6（b）可知，在不同初始pH下暗发酵产氢过程底物的能量转化效率计算结果显示：初始pH为5.5时，获得较高的能量转化效率，为5.78%；在初始pH为8.5时，获得最低的能量转化效率，为2.52%。

## 2.3.2 pH值的调控下暗发酵阶段发酵液的理化特性

pH通过影响纤维素酶的活性来影响秸秆的酶水解效率，在同步糖化发酵产氢的过程中，发酵液中的还原糖在被产氢微生物消耗的同时也会从秸秆中水解产生，当底物的消耗速率高于水解生成速率时，发酵液中的还原糖浓度就会出现下降，随着发酵的进行还原糖浓度逐渐降低，说明整个发酵过程中还原糖的消耗速率大于还原糖的生成速率，但在发酵后期还原糖的浓度下降比较缓慢，因为后期产氢抑制物生成，菌种的产氢代谢和生长代谢受到抑制，对底物的消耗速率较低。由图2-7可知，在发酵进行12h、初始pH为4.5时，还原糖的浓度最高为（9.78±0.12）g/L，初始pH为5.5时，还原糖浓度次之，为（8.56±0.26）g/L，最低的还原糖浓度在初始pH为8.5时获得，为（4.32±0.16）g/L。暗发酵产氢过程产生的小分子酸不会被暗发酵产氢菌利

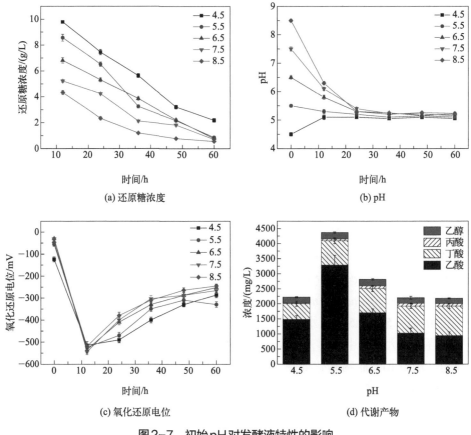

图2-7 初始pH对发酵液特性的影响

用，随着小分子酸的累积，发酵液的pH会出现下降的趋势，初始pH越高下降的幅度越大，但初始pH为4.5时，pH出现上升趋势，从4.5升到5.1，可能因为产氢菌在较低的pH下会分泌一些碱性物质到发酵液中，使发酵液的酸碱性发生了变化。在产氢过程中低的ORP是细菌生长和产氢活动的必要条件，随着反应的进行，ORP快速下降，在发酵进行到12h，发酵液的ORP降到最低值，在−515mV到−535mV之间，较低的ORP保证了此阶段产氢所需的还原力，所以在0～12h的产氢量快速增加。随着发酵的继续进行，ORP出现上升趋势，在后期所形成的还原力一部分来自底物降解生成，一部分来自吸氢酶通过消耗氢气产生，在发酵结束后，发酵的ORP维持在−245mV到−330mV。

在不同的pH下主要的产氢代谢产物为乙酸和丁酸，另外还含有少量的乙醇和丙酸，表明暗发酵产氢主要依靠乙酸发酵途径和丁酸发酵途径。在pH为5.5时获得最高的末端代谢产物浓度，为4366.9mg/L，同时也对应着最高的累积产氢量，其次是pH为6.5，代谢产物的浓度为2811mg/L。

## 2.4　发酵环境温度的调控

### 2.4.1　环境温度的调控下暗发酵阶段的产氢规律

产氢菌的代谢活动是在一系列的酶促反应下完成的，而温度是影响酶活性的重要因素。混合暗发酵细菌可以在中温条件（20～40℃）进行产氢，同时也有一些混合菌可以在高温的环境下（50～60℃）进行产氢[23]。一些纯暗发酵细菌如 *Caldicellulosiruptor*[24] 和 *Thermotoga*[25] 可以在超过60℃的环境里进行产氢。Yokoyama等[23]发现在60℃和75℃下不同牛奶废浆中微生物的产氢性能较好。高温发酵可以提高底物的转化效率，但在同步糖化发酵产氢过程中，纤维素酶的最佳温度为50℃，过高的温度会使纤维素酶活性降低，导致底物的水解效率低。由图2-8可知，在温度为45℃时，获得最高的累积产氢量为（370.03±11）mL，当温度下降到35℃和升高到55℃时产氢量获得较少，分别为（252.44±10）mL和（257.43±13）mL，温度低导致纤维酶的活性降低，水解产生的糖类有机质少，过高的温度会促使产氢菌快速进入衰亡期，同时也会影响纤维酶的活性。在不同温度下，玉米秸秆同步糖化发酵产氢过程中的能量转化效率计算结果显示：在温度为45℃时，能量转化效率最高为6.14%，在

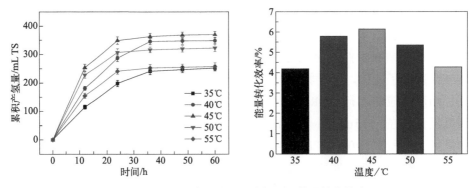

图2-8　不同温度下的累积产氢量和能量转化效率

温度为35℃时，能量转化效率最低为4.19%。

## 2.4.2　环境温度的调控下暗发酵阶段发酵液的理化特性

从不同温度下发酵液中还原糖浓度的变化情况可以看出，温度越高发酵液中的还原糖浓度越高，在高温的环境下，纤维素酶的活性较高，从秸秆中水解出来的还原糖量越高。由图2-9可知，在发酵进行12h，温度为55℃时，发酵液中还原糖的浓度最高为（11.21±0.21）g/L，其次是温度为50℃，还原糖的浓度为（10.11±0.22）g/L，发酵温度为35℃时，发酵液中还原糖的浓度最低，为（7.11±0.12）g/L。随着发酵的进行，底物不断被转化成氢气以及细菌生长代谢所需的能量，还原糖的浓度逐渐降低，当发酵进行到48h，还原糖浓度下降趋势比较缓慢，因为后期产氢菌种进入衰亡期，菌种大量死亡，底物的消耗速率低。随着发酵的进行，发酵液的pH逐渐降低。发酵液的最终pH维持在5.18～5.36，在温度为45℃时，发酵液的pH最低为5.18±0.05，因为发酵尾液中小分子酸的浓度最高。发酵过程中氧化还原电位在-545mV到-340mV之间，保证了厌氧发酵的进行。

在不同的温度下，乙酸和丁酸为主要的代谢产物，丙酸和乙醇为次要的代谢产物。在温度为45℃时，小分子酸的浓度达到最大，为4972.95mg/L。在不同的温度下，不同的代谢途径占有的比例也存在着差别，在温度为35℃时，乙酸途径占70.33%，丁酸途径为21.16%，随着温度的升高，乙酸途径占有比例先增加后减少，在温度为40℃时，乙酸产氢途径占有的比例达到最大，为75.16%，继续增加温度，乙酸产氢途径开始降低，在温度为55℃时，乙酸产氢途径占有的比例最少，为58.54%，丁酸的产氢途径占

了31.66%,这种现象显示通过改变发酵温度可以改变同步糖化发酵过程的
产氢代谢途径。

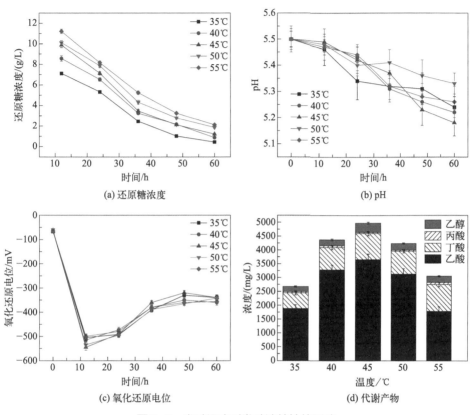

图2-9 发酵温度对发酵液特性的影响

## 2.5 底物浓度的调控

### 2.5.1 底物浓度的调控下暗发酵阶段的产氢规律

底物浓度是影响厌氧发酵的重要因素之一,底物浓度过低不利于产氢微生
物的生长,发酵体系的容积负荷较低,降低了发酵体系的利用率,底物浓度过
高会增大传质的阻力,不利于微生物与有机物充分接触,同时也会造成发酵系
统过快的酸化以及一些产氢抑制物大量累积。适宜的底物浓度不仅有助于产氢
微生物的代谢活动也能降低有机质在发酵液中的传输阻力[26]。由图2-10可知,

当底物浓度为15mg/mL，反应60h时，累积产氢量较少，为（185.94±6）mL，单位质量产氢量为61.98mL/g TS，当继续增加底物浓度，累积产氢量先增加后减少，当底物浓度为35mg/mL时，累积产氢量达到最大，同时单位质量产氢量也达到最大值，分别为（571.49±10）mL和81.64mL/g TS。底物浓度过低造成能量供给不足，造成产氢代谢不旺盛，底物浓度过高引起有机质传输缓慢，产氢微生物和有机质不能充分接触，造成有机质不能有效地转化成氢气，同时过高的有机物浓度容易引起发酵液过度酸化，破坏了发酵液的酸碱平衡，抑制了产氢的进行。不同的发酵模式和发酵底物所需要的最佳底物浓度有差别，以三球悬铃木落叶为底物进行光合同步糖化发酵产氢时，最佳的底物浓度为25mg/mL[6]。李文哲等[26]采用餐厨垃圾和牛粪混合物进行光合产氢时，研究发现餐厨垃圾和牛粪比例为1∶1，底物浓度为80mg/mL时，获得最大的产氢率31.05mL/g，累积产氢量为672mL。从能量转化效率的角度分析，底物的能量转化效率随着底物浓度的增加先增加后减少，在底物浓度为35mg/mL时，底物的能量转化效率最高，为6.48%，其次是在底物浓度为25mg/mL情况下，能量转化效率为6.15%，当底物浓度升到55mg/mL时，底物的能量转化效率最低，仅为2.90%，此现象表明高浓度的底物严重阻碍了物质的传输，最终导致底物的能量转化效率低。

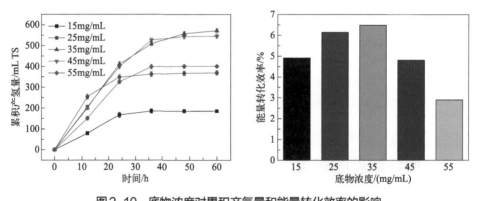

图2-10 底物浓度对累积产氢量和能量转化效率的影响

## 2.5.2 底物浓度的调控下暗发酵阶段发酵液的理化特性

如图2-11所示，在同步糖化发酵的过程中，还原糖在被消耗的同时也在生成。在底物浓度为55mg/mL时，发酵液中的还原糖浓度在整个发酵的过程中处于最高值，但是产氢效果不是很好，因为高浓度底物阻碍了物质的传输。在

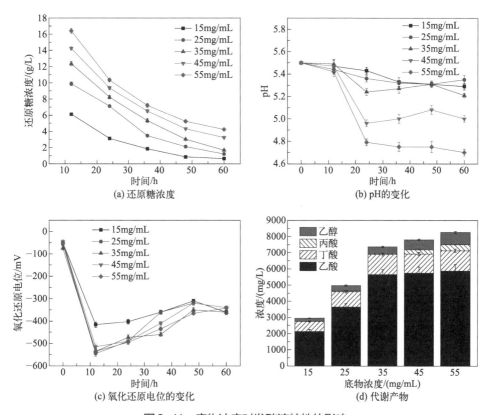

图2-11  底物浓度对发酵液特性的影响

发酵结束后，各个实验组的还原糖浓度降至最低，基本趋于平衡状态即还原糖的消耗速率和水解生成速率维持一个动态平衡。

过高的底物浓度容易引起发酵的酸化，所以在底物浓度为45mg/mL和55mg/mL时，发酵液中的pH下降较快。在理论上累积产氢量越大得到的代谢产物小分子酸较多，对应的发酵液pH应该最低，但是这种现象并没有出现，因为在产氢代谢产生小分子的同时，产氢微生物生长代谢也会产生碱性代谢产物中和部分有机酸。发酵运行60h结束，最终pH维持在4.70～5.35之间。在各个实验组中，产氢阶段发酵液的ORP处于-545mV到-360mV，满足了厌氧微生物对发酵环境的需求。

代谢产物分析发现乙酸和丁酸为主要的代谢产物，丙酸和乙醇为次要的代谢产物。随着底物浓度的增加，发酵中的总代谢产物的浓度逐渐增加，在底物浓度为55mg/mL时发酵液中的代谢产物的浓度达到最高，为8264.2mg/L，其中乙酸的浓度最高为（5863.2±410.2）mg/L，其次为丁酸为（1259±97.5）mg/L。

底物浓度越小，发酵液中的代谢产物浓度就越低，因为没有充足的有机质为产氢微生物的产氢代谢活动提供能量。在底物浓度为15mg/mL时发酵液中的代谢产物的浓度最低，为2956mg/L，其中乙酸的浓度最高，为（2131.23±121）mg/L，其次为丁酸为（623.51±45）mg/L。

# 2.6 酶负荷的调控

## 2.6.1 酶负荷的调控下暗发酵阶段的产氢规律

纤维素酶是降解纤维素生成葡萄糖的一组酶的总称，它不是单体酶，是起协同作用的多组分酶系。纤维素酶是同步糖化发酵产氢过程中不可缺少的，纤维素酶把原料中的纤维素水解成小分子等有机质以供产氢微生物进行产氢代谢。在酶水解的过程中，纤维素酶附着在秸秆表面的纤维素酶的接触点，逐渐地破坏秸秆的结构使其降解成单糖，但是秸秆表面的酶接触点有限，当纤维素酶添加量超过酶接触点时，继续增加纤维酶的量，水解效果不会出现很明显的变化，这样不仅造成了资源的浪费同时也增加了制氢成本。适量的纤维素酶不仅可以得到较好的水解效果也能降低制氢的成本。如图2-12（a）可知，当纤维素的酶负荷从50mg/g增加到150mg/g时，累积产氢量从（178.10±7）mL升到（571.49±7）mL，增加幅度为393.39mL，但是当纤维素酶负荷从150mg/g增加到250mg/g时，累积产氢量从（571.49±7）mL升到（595.77±10）mL，增加幅度为24.28mL，累积产氢量提升不是很明显，可能在酶负荷超过150mg/g时，

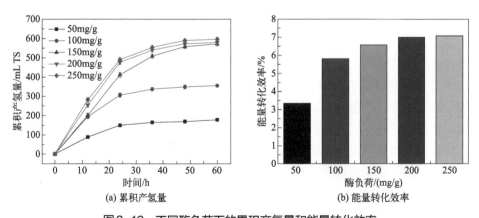

图2-12 不同酶负荷下的累积产氢量和能量转化效率

秸秆表面的纤维素酶的接触点将接近饱和点，继续增加纤维素酶的用量，对秸秆的水解效果不是很明显，多余的纤维素酶会游离在发酵液中，等待某个纤维素酶接触点的酶失活，然后替补上去。

底物的能量转化效率随着酶负荷的增加而增加，因为在酶负荷较高的情况下能够获得较高的底物转化，在酶负荷为250mg/g时，底物的能量转化效率最高，为7.07%［图2-12（b）］。

## 2.6.2　酶负荷的调控下暗发酵阶段发酵液的理化特性

由图2-13可知，在酶负荷为50mg/g时，发酵液中的还原糖浓度一直处于最低的状态，随着酶负荷的增加发酵液中还原糖浓度相对升高，当酶负荷从150mg/g增加到250mg/g时，发酵液中的还原糖的浓度差别不是很明显，因为秸秆的酶接触点数量有限，过多地添加纤维酶，只能导致一部分纤维素酶处于

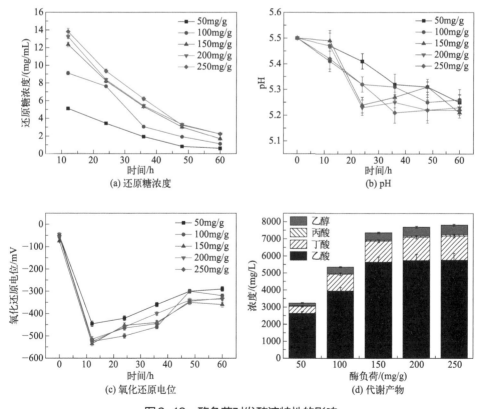

图2-13　酶负荷对发酵液特性的影响

游离的状态不能与纤维素表面的酶接触点进行结合，最终导致还原糖的含量差别不是很明显。

由图2-13（b）、图2-13（c）可知，小分子酸的累积使发酵液的pH从初始pH5.5降到发酵结束后的5.22 ± 0.3。酶负荷较低的实验组，发酵液的ORP相对较高，因为低酶负荷下发酵液中的还原糖浓度降低，产氢菌产生还原力的能力较弱。在所有的实验组，产氢阶段ORP处于−300mV和−535mV之间，保证了产氢所需的还原力。

不同酶负荷环境下发酵尾液中乙酸和丁酸为主要的代谢产物，丙酸和乙醇为次要的代谢产物。随着酶负荷的增加，代谢产物浓度增高，在酶负荷为250mg/g时发酵液中的代谢产物的浓度达到最高，为7816.2mg/L，其中乙酸的浓度最高为（5763.2 ± 410.2）mg/L，丁酸为（1416 ± 99.5.5）mg/L，丙酸的浓度最低为（80 ± 8.8）mg/L，发酵液中的乙醇含量为（555 ± 50）mg/L。在酶负荷为50mg/g时，产氢料液中的小分子酸的浓度最低，其中乙酸的浓度为（2631.23 ± 101）mg/L，丁酸的浓度为（423.51 ± 45）mg/L，丙酸的浓度较低为（32.12 ± 5.3）mg/L。低酶负荷使秸秆得不到有效水解，产氢菌得不到充足的有机物进行产氢代谢，所以相应的产氢代谢副产物的生成量较低[ 图2-13（d）]。

## 2.7 接种量的调控

### 2.7.1 接种量的调控下暗发酵阶段的产氢规律

接种量的多少直接影响发酵过程中产氢微生物的量，过多的接种量会导致大量的底物被消耗进行生长代谢，菌种量过少会导致产氢速率慢。如图2-14（a）所示，累积产氢量随着接种量的增加先增加后减少，在接种量为20%时，产氢量最少，为（438.14 ± 12）mL，当接种量从25%增加到30%时累积产氢量从（571.49 ± 10）mL增加到（582.84 ± 13）mL，增加幅度只有11.35mL，继续增加接种量累积产氢量出现下降的趋势，这可能因为接种量过大导致大量的有机质被用来进行微生物的生长代谢，用于产氢代谢的有机物量减少。

能量转化效率随着接种量的增加先增加后减少，因为菌种量过多会导致菌种的生长消耗大量的有机质，用于产氢的有机质相对减少，在接种量为

30%时，底物的能量转化效率最高，为6.91%，其次是在接种量25%的情况下，能量转化效率为6.78%，当接种量为20%时，底物的能量转化效率最低，为5.20%［图2-14（b）］。

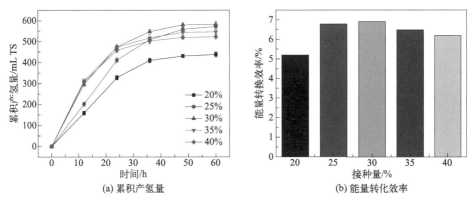

(a) 累积产氢量　　　　　　　　(b) 能量转化效率

图2-14　不同的接种量下的累积产氢量和能量转化效率

## 2.7.2　接种量的调控下暗发酵阶段发酵液的理化特性

如图2-15（a）所示，在较高的接种量下，发酵液中还原糖浓度表现出较低数值，在发酵进行到12h，接种量为40%的发酵液中的还原糖浓度最低，为（7.81±0.36）mg/mL。在发酵接近结束时，还原糖的浓度变化趋于平衡，这是因为还原糖的消耗速率和酶水解产生糖的速率处于动态平衡。

由于小分子酸的累积使发酵液的pH从初始的5.5下降到结束时的5.21～5.26，从整体的pH变化来看，不同的接种量下发酵液的pH没有明显的差别，都是随着发酵的进行逐渐降低［图2-15（b）］。不同的接种量下的整个发酵阶段，氧化还原电位处于−335mV和−545mV之间，保证了厌氧发酵的进行，在接种量为20%时，发酵液的ORP相对较高，因为没有充足的菌种生产还原力［图2-15（c）］。随着接种量的增加，底物转化成的氢气量先增加后减少，对应产生的代谢产物浓度也表现出先增加后减少的趋势，在接种量为30%时发酵液中的代谢产物的浓度达到最高，为7642.95mg/L，其中乙酸的浓度最高为（5952.23±368.7）mg/L，其次为丁酸为（1085.22±79）mg/L，丙酸的浓度最低为（53±6.7）mg/L，发酵液中的乙醇占有的比例随着接种量的增加而逐渐增加，但是整体占有的比例较少，变化范围在5%～7.15%［图2-15（d）］。

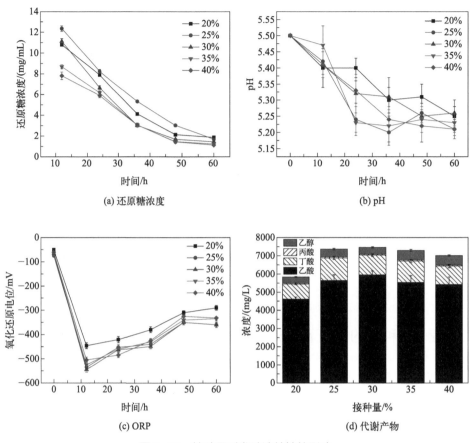

图2-15　接种量对发酵液特性的影响

# 2.8 暗发酵阶段产氢过程响应面优化

## 2.8.1 优化因素

### （1）PB实验设计

PB（Plackett-Burman）实验是一种非常经济的实验设计方案，运行实验次数为4的倍数，用来筛选出对同步糖化暗发酵产氢的显著因素，以单位质量产氢为响应值，表2-4为因素的取值区间，所有的因素被分为低水平（−1）和高水平（+1）。

表2-4　Plackett-Burman设计实验因素和水平

| 编码 | 因素 | 水平 | |
|---|---|---|---|
| | | −1 | +1 |
| $X_1$ | 初始pH | 4.5 | 6.5 |
| $X_2$ | 温度/℃ | 40 | 50 |
| $X_3$ | 酶负荷/（mg/g） | 100 | 200 |
| $X_4$ | 底物浓度/（mg/mL） | 25 | 45 |
| $X_5$ | 接种量/% | 25 | 35 |

（2）CCD实验设计

由Box和Wilson开发的中心复合设计CCD是一种通过少量实验就可以拟合响应面模型的方法[1,6]。基于PB实验结果中筛选出的显著因素初始pH（$X_1$）、温度（$X_2$）、酶负荷（$X_3$）为CCD实验的主要变量，进一步研究同步糖化发酵条件，实验选取每个因素及它们相应的水平如表2-5所示，设置五个水平：$-\alpha$，$-1$，$0$，$+1$，$+\alpha$，其中$\alpha=2^{n/4}$，$n$为因子数目，0表示因素的中心值，以单位质量产气量为响应值。

表2-5　CCD优化因素和水平

| 编码 | 因素 | 水平 | | | | |
|---|---|---|---|---|---|---|
| | | $-\alpha$ | −1 | 0 | +1 | $+\alpha$ |
| $X_1$ | 初始pH | 3.82 | 4.5 | 5.5 | 6.5 | 7.18 |
| $X_2$ | 温度/℃ | 36.59 | 40 | 45 | 50 | 53.41 |
| $X_3$ | 酶负荷/（mg/g） | 65.91 | 100 | 150 | 200 | 234.09 |

根据设计出的实验方案进行实验，实验结果可以采用经典模型进行模拟，可以把实验因素和实验数值有效地结合起来，对优化系统来说经典模型如式（2-1）所示：

$$Y = C_0 + \sum C_i X_i + \sum C_i X_i^2 + \sum C_{ij} X_i X_j \qquad （2-1）$$

式中，$Y$为预测值；$C_0$为截距；$C_i$为线性系数；$C_{ij}$为相互作用系数。

利用Design Expert Software 8.0软件分析因素对产氢量的线性和平方的影

响以及各个因素之间的交互作用，并对结果进行方差分析，同时根据实验结果绘制的三维响应面图和等势图也可以反映因素与产氢量之间的关系，得到的二阶数学模型可以描述单位质量产氢量与各因素之间的数学关系[6]，并可确定在最优条件下单位质量产氢量的最大值。

## 2.8.2 优化分析

### （1）PB实验分析

根据PB设计的实验方案进行实验，实验结果如表2-6所示，可以看出在不同的发酵条件下单位质量的产氢量波动范围比较大，最低产氢量为19.45mL/g TS，最高产氢量可达到55.42mL/g TS，表明优化发酵过程是很重要的。PB实验的方差分析如表2-7所示，模型的 $F$ 值为16.66，$P$ 值为0.0018<0.05表明模型显著。$X_1$（初始pH）、$X_2$（温度）和 $X_3$（酶负荷）的 $P$ 值分别为0.0002、0.0326和0.0148，说明对同步糖化暗发酵产氢量影响比较显著，而 $X_4$（底物浓度）和 $X_5$（接种量）的 $P$ 值分别为0.3165和0.7498，为不显著因素。以产氢量（$Y$）为响应值的回归方程可以写为：

$$Y = 35.71 - 9.34X_1 + 3.26X_2 + 3.99X_3 + 1.29X_4 - 0.39X_5 \qquad （2-2）$$

模型的决定系数 $R^2$ 为0.9328，表明回归方程拟合良好，拟合值和实验值的拟合度较好，该模型可以用来分析同步糖化发酵过程；校正决定系数 Adj $R^2$ 为0.8768，表明该模型可以分析解释0.8768的实验数据的变异性，总变异中的0.1232不能用该模型进行解释，CV=11.42%表明实验的高精度和可靠性。

表2-6 Plackett-Burman实验设计表和结果

| 编码 | $X_1$ | $X_2$/℃ | $X_3$/(mg/g) | $X_4$/(mg/mL) | $X_5$/% | $Y$/(mL/g TS) |
|---|---|---|---|---|---|---|
| 1 | −1 | +1 | +1 | +1 | −1 | 55.42 |
| 2 | −1 | +1 | −1 | +1 | +1 | 48.84 |
| 3 | +1 | +1 | −1 | +1 | +1 | 20.25 |
| 4 | −1 | −1 | −1 | −1 | −1 | 36.56 |
| 5 | −1 | −1 | −1 | −1 | −1 | 38.68 |
| 6 | +1 | −1 | +1 | +1 | −1 | 26.22 |

| 编码 | $X_1$ | $X_2$/℃ | $X_3$/(mg/g) | $X_4$/(mg/mL) | $X_5$/% | $Y$/(mL/g TS) |
|---|---|---|---|---|---|---|
| 7 | +1 | −1 | −1 | −1 | +1 | 19.45 |
| 8 | −1 | −1 | +1 | −1 | +1 | 41.23 |
| 9 | +1 | +1 | +1 | −1 | −1 | 33.18 |
| 10 | +1 | +1 | −1 | −1 | −1 | 26.56 |
| 11 | −1 | +1 | +1 | −1 | +1 | 49.56 |
| 12 | +1 | −1 | +1 | +1 | +1 | 32.57 |

表2-7　方差分析

| 来源 | 平方和 | 均方 | 自由度 | $F$值 | $P$值 |
|---|---|---|---|---|---|
| 模型 | 1386.30 | 277.26 | 5 | 16.66 | 0.0018 |
| $X_1$ | 1046.45 | 1046.45 | 1 | 62.88 | 0.0002 |
| $X_2$ | 127.40 | 127.40 | 1 | 7.65 | 0.0326 |
| $X_3$ | 190.72 | 190.72 | 1 | 11.46 | 0.0148 |
| $X_4$ | 19.87 | 19.87 | 1 | 1.19 | 0.3165 |
| $X_5$ | 1.86 | 1.86 | 1 | 0.11 | 0.7498 |
| 残差 | 99.86 | 16.64 | 6 | | |
| 合计 | 1486.16 | | 11 | | |

$R^2$=0.9328　Adj $R^2$ =0.8768　CV=11.42%

注：CV（coefficient of variation）指变异系数。$P$值小于0.05表明影响显著。

（2）CCD实验结果和方差分析

在PB实验的结果中筛选出初始pH（$X_1$）、温度（$X_2$）和酶负荷（$X_3$）为影响同步糖化暗发酵产氢的显著因素，在此基础上，为了进一步优化产氢工艺，提高底物的产氢量，采用响应面法对显著因素进一步优化。根据Design Expert Software 8.0软件设计20组实验，实验结果如表2-8所示。通过对实验数据进行回归分析，得到一个二阶多项式方程，如式（2-3）。

$$Y = 76.47+7.20X_1+2.30X_2+12.74X_3-0.83X_1X_2-2.05X_1X_3- \\ 0.88X_2X_3-19.38X_1^2-7.97X_2^2-4.34X_3^2 \quad (2\text{-}3)$$

对模型进行方差分析，其结果如表2-9所示，从方差分析结果可以看出模型的失拟项不显著（$P=0.7912>0.05$），因此这个模型适合模拟同步糖化暗发酵产氢过程，模型的决定系数 $R^2=0.9844$，校正系数为 Adj $R^2=0.9704$，表明模型可以预测和解释98.44%的产氢的变化，校正系数越高，越接近1说明模型就越好。变异系数 CV=6.89% 表明模型的可靠性和精确性。Adeq Precision用于分析模型的信噪比，当信噪比大于4时，说明模型合理，本模型的信噪比为28.46，表明模型的信号充足可以用来模拟设计空间。在线性项上初始pH（$X_1$）、温度（$X_2$）和酶负荷（$X_3$）仍为影响产氢的显著因素（$P<0.05$），而初始pH（$X_1$）和酶负荷（$X_3$）表现出极显著的特性（$P<0.0001$）。在二次项上看 $X_1^2$ 和 $X_2^2$ 对模型的影响极显著（$P<0.0001$），$X_3^2$ 对模型的影响也显著（$P=0.0014$）。在因素之间的交互作用上，初始pH和酶负荷对模型的影响高于其他因素之间的交互作用。在此基础上，模型预测的最高产氢量为85.61mL/g TS，最佳发酵条件：初始pH 5.63、温度45.40℃和酶负荷200mg/g。为了验证模型得出最佳反应条件的实际产氢效果，设置反应条件为：初始pH 5.63、温度45.40℃、酶负荷200mg/g、底物浓度35mg/mL和接种量为30%，得到的实验产氢量为83.67mL/g TS，拟合值和实验值之间差别不是很大，说明模型的拟合是可行的。从经济上考虑，酶负荷从150mg/g提高到200mg/g的产氢量效果不是很明显，在初始pH 5.63、温度45.40℃，而酶负荷设置为150mg/g，底物浓度35mg/mL和接种量为30%时的产氢量为82.69mL/g TS，对比来看，单从产氢量来看，最佳的反应条件得出最高的产氢量，从经济来看，最佳的反应条件下并不是最佳的经济工艺条件。

表2-8　CCD实验设计表和结果

| 编号 | $X_1$ | $X_2$ | $X_3$ | 产氢量/（mL/g TS） | |
| --- | --- | --- | --- | --- | --- |
| | | | | 实验值 | 模拟值 |
| 1 | −1 | +1 | −1 | 28.14 | 26.82 |
| 2 | 0 | 0 | 0 | 74.54 | 76.47 |
| 3 | +1 | −1 | −1 | 37.60 | 38.94 |
| 4 | 0 | −α | 0 | 53.33 | 50.07 |
| 5 | 0 | 0 | 0 | 76.56 | 76.47 |
| 6 | 0 | 0 | 0 | 70.54 | 76.47 |
| 7 | +1 | −1 | +1 | 58.95 | 62.08 |
| 8 | 0 | 0 | −α | 42.32 | 42.77 |

| 编号 | $X_1$ | $X_2$ | $X_3$ | 产氢量/（mL/g TS） | |
|------|-------|-------|-------|------------------|------------------|
| | | | | 实验值 | 模拟值 |
| 9 | 0 | 0 | $+\alpha$ | 88.63 | 85.61 |
| 10 | 0 | 0 | 0 | 79.43 | 76.47 |
| 11 | $-\alpha$ | 0 | 0 | 9.67 | 9.57 |
| 12 | 0 | 0 | 0 | 83.16 | 76.47 |
| 13 | $+\alpha$ | 0 | 0 | 36.24 | 33.77 |
| 14 | $-1$ | $-1$ | $-1$ | 18.12 | 18.79 |
| 15 | $+1$ | $+1$ | $+1$ | 62.12 | 63.26 |
| 16 | $-1$ | $+1$ | $+1$ | 54.16 | 76.47 |
| 17 | 0 | $+\alpha$ | 0 | 57.11 | 57.81 |
| 18 | $-1$ | $-1$ | $+1$ | 48.32 | 50.13 |
| 19 | 0 | 0 | 0 | 74.18 | 76.47 |
| 20 | $+1$ | $+1$ | $-1$ | 43.65 | 43.65 |

表2-9 同步糖化暗发酵数学模型方差分析

| 来源 | 平方和 | 自由度 | 均方 | $F$值 | $P$值 |
|------|--------|--------|------|-------|-------|
| 模型 | 9033.04 | 9 | 1003.67 | 70.28 | <0.0001 |
| $X_1$ | 707.05 | 1 | 707.05 | 49.51 | <0.0001 |
| $X_2$ | 72.37 | 1 | 72.37 | 5.07 | 0.0481 |
| $X_3$ | 2214.97 | 1 | 2214.97 | 155.11 | <0.0001 |
| $X_1X_2$ | 5.51 | 1 | 5.51 | 0.39 | 0.5483 |
| $X_1X_3$ | 33.62 | 1 | 33.62 | 2.35 | 0.1559 |
| $X_2X_3$ | 6.23 | 1 | 6.23 | 0.44 | 0.5238 |
| $X_1^2$ | 5410.12 | 1 | 5410.12 | 378.85 | <0.0001 |
| $X_2^2$ | 914.97 | 1 | 914.97 | 64.07 | <0.0001 |
| $X_3^2$ | 271.74 | 1 | 271.74 | 19.03 | 0.0014 |
| 残差 | 142.80 | 10 | 14.28 | | |

| 来源 | 平方和 | 自由度 | 均方 | F值 | P值 |
|------|--------|--------|------|------|------|
| 失拟项 | 45.17 | 5 | 9.03 | 0.46 | 0.7912 |
| 纯误差 | 97.63 | 5 | 19.53 | | |
| 总计 | 9175.85 | 19 | | | |

$R^2$=0.9844  Adj $R^2$= 0.9704  CV=6.89%  Adeq Precision=28.46

模型的响应面图可以把因变量和自变量之间的关系进行可视化,它通过控制一个变量,来调节其他两个变量达到可视化效果。通过该组图可以比较直观地评价因素对产氢量的影响。3D响应面和等高线图能更好地描述产氢量和因素之间的变化,最终确定最佳反应条件,等高线图的颜色和形状可以反映因素之间的显著性和变量之间的交互作用,颜色变化越快,梯度越大,影响就越显著,若等高线图是椭圆形,则表明因素对结果影响越大,反之,若等高线图是圆形,则表明因素对结果影响不显著。图2-16为初始pH、温度和酶负荷的3D响应面图和等高线图。在酶负荷为定值(150mg/g)时,初始pH和温度对产氢量的影响如图2-16(a)和图2-16(b)所示,产氢量随着初始pH和发酵温度的增加先增加后减少。因为过高的pH会影响纤维素酶的活性,进而影响底物的水解效率,虽然温度的增高会增加纤维素酶的活性,但是过高的温度会影响产氢微生物体内酶的活性,抑制产氢代谢的进行。从图2-16(b)可以看出pH的等高线比较陡,而温度的等高线比较平缓,表明在初始pH和温度两因素之间,初始pH的影响比较显著,从方差分析表2-9中的P值可以看出初始pH的P值(<0.0001)低于温度的P值(0.0481),说明初始pH对产氢量的影响高于温度对产氢量的影响。从等高线图的形状可以看出,pH和温度的等高线图呈圆形,表明两个因素之间的交互作用不明显,从方差分析表中也可以看出$X_1X_2$的P>0.05。图2-16(c)和图2-16(d)为温度为定值、pH和酶负荷为变量时的3D响应图和等高线图,从3D响应图可以看出随着酶负荷的增加,产氢量逐渐增加,但在后期增加的幅度比较小,从等高线图的颜色变化也可以看出,在pH值不变的情况下,沿着酶负荷增加的方向,颜色逐渐变深表明随着酶负荷增加产氢量逐渐增加。从等高线的形状来看,等高线接近椭圆形,方差分析显示pH和酶负荷的交互作用不明显。图2-16(e)和图2-16(f)为酶负荷与温度的3D响应图和等高线图,从3D响应图可以看出,在温度和pH为定值时,随着酶负荷的增加,产氢量逐渐增加,较高的酶负荷提供了充足的纤维素酶对秸秆进行水解产氢,从等高线图来看,随着纤维素酶量的增加,产氢量方向的颜

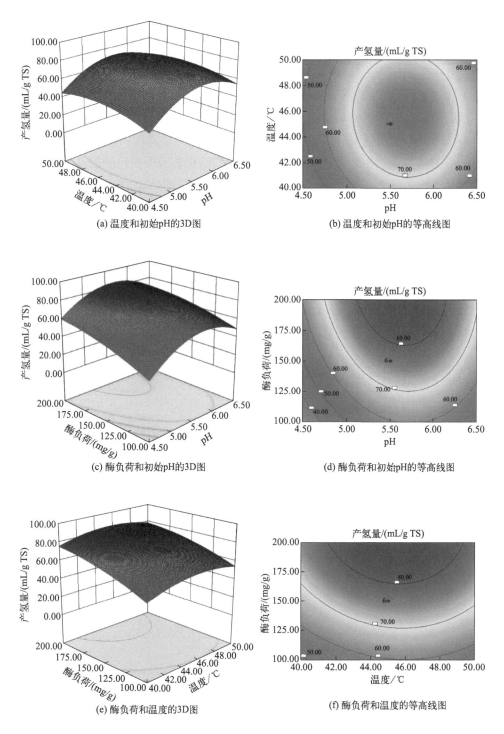

(a) 温度和初始pH的3D图

(b) 温度和初始pH的等高线图

(c) 酶负荷和初始pH的3D图

(d) 酶负荷和初始pH的等高线图

(e) 酶负荷和温度的3D图

(f) 酶负荷和温度的等高线图

图2-16　初始pH、温度和酶负荷的3D响应面图和等高线图

色逐渐加深，从等高线的形状来看，接近圆形，表明温度和酶负荷之间的交互作用不是很明显。同时在方差分析中 $X_2X_3$ 的 $P=0.5238>0.05$，表明两因素之间的交互作用不明显。

为了更好地了解各个因素对产氢量的影响以及模型的准确性，对初始pH、温度和酶负荷对产氢影响的立方图、实际值和预测值之间的关系和学生氏残差分布概率进行了分析如图2-17所示，图2-17（a）为立方图，可以直观地看出各个点的产氢量，在采用软件设计的实验中实验值和模型的预测值基本在一条直线上 [图2-17（b）]，说明模型的拟合度比较高。图2-17（c）为数据的正态分布图，呈线性关系说明实验数据符合正态分布，具有较好的精确度。

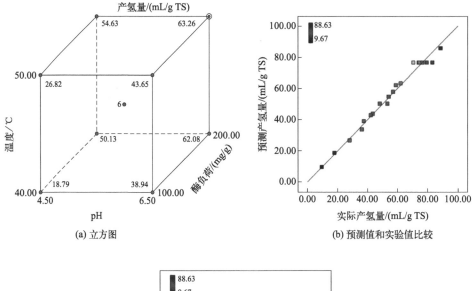

(a) 立方图　　(b) 预测值和实验值比较

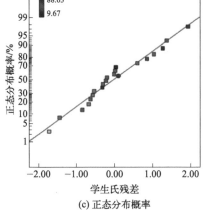

(c) 正态分布概率

图2-17　模型的准确性分析

# 参考文献

[1] Li Y, Zhang Z, Jing Y, et al. Statistical optimization of simultaneous saccharification fermentative hydrogen production from *Platanus orientalis* leaves by photosynthetic bacteria HAU-M1[J]. Int J Hydrogen Energy, 2017, 42:5804-5811.

[2] Khan M A, Ngo H H, Guo W S, et al. Optimization of process parameters for production of volatile fatty acid, biohydrogen and methane from anaerobic digestion[J]. Bioresour Technol, 2016,219:738-748.

[3] Liu Z H, Chen H Z. Simultaneous saccharification and co-fermentation for improving the xylose utilization of steam exploded corn stover at high solid loading[J]. Bioresour Technol, 2016,201:15-26.

[4] Cantarella M, Cantarella L, Alberto Gallifuoco A S, et al. Effect of inhibitors released during steam-explosion treatment of poplar wood on subsequent enzymatic hydrolysis and SSF[J]. Biotechnol Prog, 2004, 20:200-206.

[5] Öhgren K, Bura R, Lesnicki G, et al. A comparison between simultaneous saccharification and fermentation and separate hydrolysis and fermentation using steam-pretreated corn stover[J]. Process Biochem, 2007, 42:834-839.

[6] 李亚猛. 三球悬铃木落叶生物质制氢工艺试验研究 [D]. 郑州：河南农业大学, 2016.

[7] Nasirian N. Biological hydrogen production from acid-pretreated straw by simultaneous saccharification and fermentation[J]. African J Agric Reseearch, 2012, 7:876-882.

[8] Rodrigues T H S, de Barros E M, de Sá Brígido J, et al. The Bioconversion of pretreated cashew apple bagasse into ethanol by SHF and SSF processes[J]. Appl Biochem Biotechnol, 2016, 178:1167-1183.

[9] Liu Z H, Qin L, Zhu J Q , et al. Simultaneous saccharification and fermentation of steam-exploded corn stover at high glucan loading and high temperature[J]. Biotechnol Biofuels, 2014, 7:1-16.

[10] 张超宇. 产氢微生物在不同pH条件下差异表达蛋白功能分析 [D]. 哈尔滨：哈尔滨理工大学，2015.

[11] Luo G, Xie L, Zou Z, et al. Fermentative hydrogen production from cassava stillage by mixed anaerobic microflora: Effects of temperature and pH[J]. Appl Energy, 2010, 87:3710-3717.

[12] Li Y, Zhang Z, Zhu S, et al. Comparison of bio-hydrogen production yield capacity between asynchronous and simultaneous saccharification and fermentation processes from agricultural residue by mixed anaerobic cultures[J]. Bioresour Technol, 2018, 247:1210-1214.

[13] Rossmann R, Sawers G, Böck A. Mechanism of regulation of the formate‐hydrogenlyase pathway by oxygen, nitrate, and pH: definition of the formate regulon[J]. Mol Microbiol, 1991, 5:2807-2814.

[14] Liu C G, Lin Y H, Bai F W. Development of redox potential-controlled schemes for very-high-gravity ethanol fermentation[J]. J Biotechnol, 2011,153:42-47.

[15] Yin J, Yu X, Zhang Y, et al. Enhancement of acidogenic fermentation for volatile fatty acid production from food waste: Effect of redox potential and inoculum[J]. Bioresour Technol, 2016; 216:996-1003.

[16] 王志华，朱晓雯，何桂霞，等. 基于氧化还原电位的光合细菌补料培养工艺优化[J]. 食品工业科技，2019, 40:141-144.

[17] Li Y H, Li H B, Xu X Y, et al.Correlations between the oxidation-reduction potential characteristics and microorganism activities in the subsurface wastewater infiltration system[J]. Desalin Water Treat, 2016, 57:5350-5357.

[18] 刘会亮. 磷酸盐和碳酸盐对光合细菌同步糖化发酵产氢的影响[D]. 郑州：河南农业大学，2018.

[19] 徐方成. 暗发酵产氢细菌的产氢机理与产氢代谢调控[D]. 厦门：厦门大学，2007.

[20] Fangkum A, Reungsang A. Biohydrogen production from mixed xylose/arabinose at thermophilic temperature by anaerobic mixed cultures in elephant dung[J]. Int J Hydrogen Energy, 2011, 36:13928-13938.

[21] Fiala K, Phabjanda M, Maneechom P. Biohydrogen production from xylose by aanaerobic mixed cultures in elephant dung[J]. Walailak J Sci Technol, 2015,12:267-278.

[22] van Ginkel S, Sung S, Lay J J. Biohydrogen production as a function of pH and substrate concentration[J]. Environ Sci Technol, 2001, 35:4726-4730.

[23] Yokoyama H, Waki M, Moriya N, et al.Effect of fermentation temperature on hydrogen production from cow waste slurry by using anaerobic microflora within the slurry[J]. Appl Microbiol Biotechnol, 2007, 74:474-483.

[24] Mladenovska Z, Mathrani I M, Ahring B K. Isolation and characterization of *Caldicellulosiruptor lactoaceticus* sp. nov., an extremely thermophilic, cellulolytic, anaerobic bacterium[J]. Arch Microbiol, 1995, 163:223-230.

[25] Schröder C, Selig M, Schönheit P. Glucose fermentation to acetate, $CO_2$ and $H_2$ in the anaerobic hyperthermophilic eubacterium *Thermotoga maritima*: involvement of the Embden-Meyerhof pathway[J]. Arch Microbiol, 1994, 161:460-470.

[26] 李文哲，殷丽丽，王明，等. 底物浓度对餐厨废弃物与牛粪混合产氢发酵的影响[J]. 东北农业大学学报，2014, 45:103-109.

第**3**章

# 暗-光联合生物制氢过程中光合生物制氢特性及其调控技术

## 3.1 光合产氢工艺与产氢相关关系

菌种是光合生物制氢的核心部分,是有机物转化为清洁能源的立足点。光合细菌的优劣性能直接决定底物的转化率、光能转化率和产氢速率,光合产氢菌在自然界广泛存在,高效产氢菌的筛选是目前研究的热点。通过对光合细菌的生长特性进行分析可以了解菌种的迟缓期、对数期、稳定期和衰亡期的时间段分布[1],为产氢过程中菌种的添加时间提供参考。光照是光合细菌产氢中不可缺少的因素,为光合细菌的生长代谢和产氢代谢提供能量,然而并不是所有波段的光都适合光合细菌,细菌胞内色素类型(如叶绿素a、叶绿素b和类胡萝卜素等)决定着光谱的吸收特性,通过对光合产氢菌的光谱吸收特性分析,筛选最适合产氢的波段,可以保障光合产氢阶段光能高效的转化率,降低不必要的光能消耗。在产氢发酵代谢的过程中,原料特性、光照强度、温度和pH都会对产氢代谢产生影响,而不同的菌种对外界环境的要求存在着区别。

## 3.2 光合细菌的光谱吸收特性及生长特性

### 3.2.1 光合细菌对光谱的吸收特性

光合色素是光合细菌捕获光能电子的关键所在,色素对光具有选择性吸收，而不同的光合细菌含有不同的光合色素，造成光合细菌吸光特性产生差异，利用全光谱扫描不仅可以确定光合细菌内的光合色素类型，也可以确定光合细菌对不同波段光谱的吸光特性，这对分析光合细菌的生长代谢和产氢代谢有着重要的意义。如图3-1所示，在对光合细菌HAU-M1的全光谱扫描结果中，光合细菌对325nm、382nm、490nm、592nm、807nm和865nm波长有明显的吸收性。325nm和382nm处于紫外线波段内（10～400nm），紫外线不利于微生物的生长，因为在紫外线的作用下，微生物胞内的核酸容易发生变性，最终导致微生物死亡。在红外区波段807nm和865nm处的吸收峰表明光合细菌可以利用红外波段中非可见光。在波长490nm和592nm处的两个波峰，说明光合细菌可以较好地利用可见光。在红外波段325nm、382nm、807nm和865nm的吸收峰表明光合细菌含有叶绿素a，在490nm和592nm处的吸收峰表明光合细菌含有类胡萝卜素成分[2]。

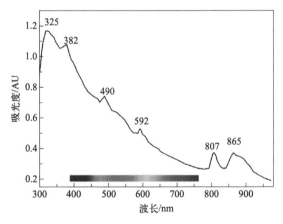

图3-1　光合细菌HAU-M1的吸光特性

## 3.2.2　光合细菌的生长及其动力学特性

如图3-2所示，产氢菌种的生长过程包括四个阶段：迟缓期、对数期、稳定期和衰亡期。0～12h为产氢菌的迟缓期，此阶段光合细菌体内储备代谢酶、能量和代谢中间合成物。光合细菌在初期阶段对环境比较敏感，合适的发酵环境可以缩短迟缓期，使产氢菌较快地进入对数期。12～72h为光合菌的生长对数期，在此阶段光合菌呈对数上升，菌种数目由初始的0.05g/L增加到0.82g/L，对数期持续时间的长短与发酵环境有着密切的联系。随着微生物生长代谢的进行，菌种逐渐进入一个动态平衡阶段即菌种增长量等于死亡量，此阶段称为稳定期，光合细菌的稳定期为72～120h，在这个动态平衡阶段，光合细菌的浓度在0.8～0.83g/L范围波动。但随着生长代谢的进行，代谢抑制物逐渐累积，有机物浓度降低，供细胞生长所需的ATP生产不足，造成细菌的死亡量大于增长量，此阶段称为衰亡期，光合细菌生长到120h后进入到衰亡期。采用Logistic方程对光合菌的生长进行非线性动力学拟合分析，得到菌种的最大浓度可以达到0.85g/L，实际最大值为0.83g/L，比生长速率为0.09h$^{-1}$。通过对菌种的生长动力学进行分析，可以为后期产氢发酵提供理论支撑。

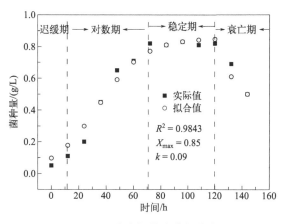

图3-2　光合细菌的生长曲线

## 3.3　光合生物制氢工艺优化及产氢动力学特性

### 3.3.1　碳源的优化

有机物为细菌的生长代谢和产氢代谢提供碳源和氮源，碳源为微生物的代谢活动提供能量，氮源为微生物合成提供物质基础。大分子的碳水化合物在进行产氢前，需要进行预处理，把大分子的有机物降解成小分子的有机质，而这些小分子主要以六碳糖（葡萄糖）和五碳糖（木糖）为主，主要的区别在于两种糖的浓度和比例。在反应条件为底物浓度为10g/L、发酵温度为30℃、光照强度为3000lx和初始pH为7的情况下，探索了不同比例的葡萄糖和木糖对光合细菌产氢发酵的影响。以葡萄糖为底物时表现出较高的产氢性能，累积产氢量达到（466.85±11）mL，以混合糖为原料时，产氢量有一定程度降低，可能因为底物阻遏效应[3]，在复杂碳源的状态下，产氢菌优先利用一种碳源，而对其他碳源的利用起到阻遏作用，最终导致底物的转化效率低。随着木糖含量的增加，累积产氢量逐渐降低，在以纯木糖为底物时，光合生物制氢的累积产氢量为（443.65±9）mL，高于混合底物的产氢量，表明葡萄糖是优先利用的碳源。从不同发酵状态下菌种浓度的变化趋势可以看出，在以葡萄糖为底物时，最高菌种浓度为1.12g/L，以木糖为底物时的菌种浓度最高可以达到1.08g/L，两者浓度均低于混合比例为4：1的菌种浓度（1.18g/L），可能因为在此混合比例下，发酵液中的碳氮比例更适合菌种的生长，但是产氢量低于纯糖底物。

如图3-3所示，采用修正的Gompertz模型对产氢过程进行动力学分析，产氢高峰期主要集中在24～96h之间，因为在此阶段光合细菌处于对数期和稳定期，产氢代谢较快。产氢速率快速增加阶段处于24～50h，此阶段菌种处于对数期，细胞代谢旺盛，产生了大量的ATP和还原力供产氢代谢的进行。在不

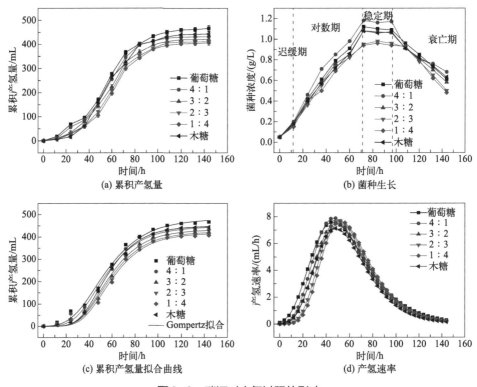

图3-3 碳源对产氢过程的影响

同的混合比例下，光合细菌的生长阶段的时间段没有出现差别，一方面因为发酵环境的相似性，另一方面因为光合菌有着较强的适应能力。动力学变量分析结果表明最大累积产氢量在以葡萄糖为底物时获得，为480.75mL，其次为以木糖为底物，为449.38mL，最大产氢速率分别为7.61mL/h和8.77mL/h。在以葡萄糖为底物时，光合细菌能较快地进入产氢代谢，有着较短的产氢延迟期，为22.67h，随着木糖的比例增加，产氢延迟期逐渐增加，在葡萄糖和木糖的比例为1：4时，产氢延迟期达到最大，为32.42h，但在以木糖为产氢底物时，产氢延迟期为29.82h（表3-1）。

表3-1 动力学变量

| 类别 | $P_{max}$/mL | $r_{max}$/(mL/h) | $\lambda$/h | $R^2$ |
|---|---|---|---|---|
| 纯葡萄糖 | 480.75 | 7.61 | 22.67 | 0.9949 |
| 4：1 | 446.13 | 7.9 | 25.59 | 0.9941 |
| 3：2 | 434.74 | 7.51 | 27.36 | 0.9969 |
| 2：3 | 423.41 | 7.71 | 30.88 | 0.9968 |
| 1：4 | 417.43 | 7.66 | 32.42 | 0.9964 |
| 纯木糖 | 449.38 | 8.77 | 29.82 | 0.9988 |

## 3.3.2 光照强度的优化

光照为光合细菌的光合磷酸化过程提供光能，生成细菌代谢过程所需的ATP。合适范围内的光照会促进产氢代谢的进行，当光照强度超过阈值，会引起PSⅠ系统的过量激发[4]，产生光抑制的现象，导致光能转化率低。与工业生产的葡萄糖相比，秸秆酶解液获取途径更加广泛，成本低廉，可以作为光合细菌发酵产氢的原料。所以在光照产氢实验中，采用玉米秸秆酶解液为底物，在还原糖浓度为10g/L、初始pH为7、发酵温度为30℃下，探讨不同的光照强度对光合细菌HAU-M1的产氢和生长特性的影响。如图3-4所示，在光照强度从1000lx增加至3000lx时，光合细菌的累积产氢量从（301.52±6.2）mL增加到（466.85±7.3）mL，继续增加光照强度产氢量开始下降，在光照强度增加到4000lx和5000lx时，累积产氢量下降到（414.12±6.8）mL和（389.45±6.6）mL。因为过强的光照强度引起的热辐射现象比较显著，对光合细菌的代谢系统造成热损伤。高的光照强度抑制了产氢代谢的进行，但是促进了光合细菌的生长代谢，随着光照强度的增加，发酵液中的菌种的生长代谢逐渐旺盛。不同光照强度下，产氢的高峰期主要集中在24～96h，因为此阶段光合细菌代谢活动旺盛，菌种处于对数期和稳定期，随着发酵的进行，光合细菌的代谢活动开始衰弱，产生的ATP和还原力逐渐减少。从产氢动力学变量可以看出随着光照强度的增加，产氢延迟期逐渐缩短，在光照强度为1000lx时，产氢延迟期为25.31h，当光照强度为5000lx时，产氢延迟期为13.71h（表3-2）。

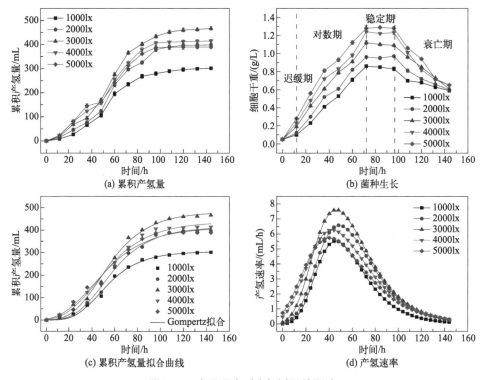

图3-4 光照强度对产氢过程的影响

表3-2 动力学变量

| 光照/lx | $P_{max}$/mL | $r_{max}$/(mL/h) | $\lambda$/h | $R^2$ |
|---|---|---|---|---|
| 1000 | 305.28 | 5.53 | 25.31 | 0.9956 |
| 2000 | 414.01 | 6.58 | 25.31 | 0.9930 |
| 3000 | 480.75 | 7.61 | 22.64 | 0.9935 |
| 4000 | 437.11 | 6.27 | 16.88 | 0.9873 |
| 5000 | 412.60 | 5.74 | 13.71 | 0.9851 |

### 3.3.3　初始pH的优化

　　pH是影响微生物代谢活动的重要因素，不仅影响细胞代谢活动相关酶的合成，也影响胞内质子的传递、储藏物质合成和底物的降解。在还原糖浓度为10g/L、光照强度3000lx、发酵温度为30℃条件下，由初始pH对光合细菌HAU-M1产氢的影响结果可以看出过低的pH影响产氢代谢的进行，在初始pH为5时，累积产氢量只有（105.46±6.8）mL，在发酵进行到84h后，基本没有气体产生。当初始pH从5增加到7时，累积产氢量逐渐增加，在初始pH为7时达到最大，为（466.85±7.3）mL，继续增加初始pH，累积产氢量开始下降，因为高的初始pH不利于底物的降解和质子的传输［图3-5（a）］。

　　较高的初始pH利于光合菌种的生长代谢，但是大量的底物能量转移到菌种生长，最终造成底物能量转移到氢气的比例较少。在初始pH为7时，发酵进行72h，细胞干重达到最高值，为（1.12±0.02）g/L，而当初始pH升到8和9，最高的细胞干重在发酵进行60h获得，分别为（1.35±0.02）g/L和（1.42±0.02）g/L，较低的初始pH造成光合菌生长缓慢，并导致光合菌较早地进入衰亡期，可能因为较低的pH影响细胞内储藏物质的合成，造成细胞生殖生长迟缓。通过修正的Gompertz模型对产氢过程进行动力学分析，可以看出初始pH为5时，在整个发酵过程中氢气的生成速率一直处于较低的水平，而高的初始pH不利于氢气的释放，最高的累积产氢量出现在初始pH为7，为480.97mL。从产氢动力学变量结果可以看出随着初始pH的增加，产氢延迟期逐渐降低，在初始pH为9时，产氢延迟期为8.64h，在高的初始pH条件下，菌种快速地适应环境，并进行产氢代谢，但是过高的初始pH会对产氢代谢酶的合成和ATP的生成产生消极的影响，导致产氢量较低［图3-5（b）～图3-5（d）、表3-3］。

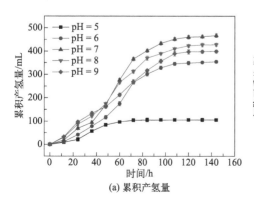

(a) 累积产氢量

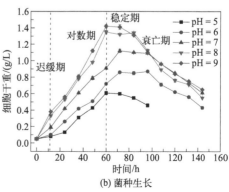

(b) 菌种生长

图3-5

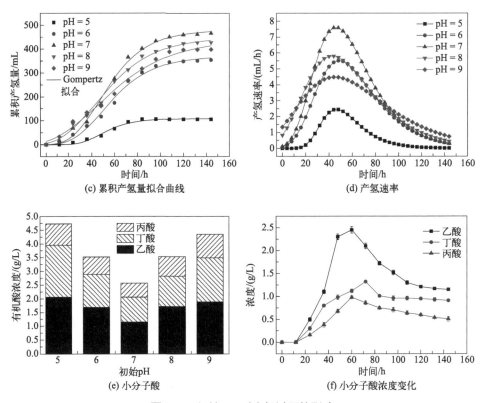

图3-5 初始pH对产氢过程的影响

表3-3 动力学变量

| pH | $P_{max}$/mL | $r_{max}$/(mL/h) | $\lambda$/h | $R^2$ |
|---|---|---|---|---|
| 5 | 108.66 | 2.46 | 30.20 | 0.9971 |
| 6 | 370.89 | 5.51 | 24.08 | 0.9917 |
| 7 | 480.75 | 7.61 | 22.67 | 0.9935 |
| 8 | 450.39 | 5.80 | 14.06 | 0.9948 |
| 9 | 441.17 | 4.48 | 8.64 | 0.9902 |

从发酵液分析结果可以看出乙酸、丁酸和丙酸为主要的产氢代谢产物，说明光合细菌HAU-M1是混合型发酵。在低的初始pH（pH为5时）下，菌种的衰亡较快，产氢代谢结束较早，造成大量的小分子酸得不到有效利用，其中乙酸浓度达到（2.06±0.03）g/L，丁酸浓度为（1.89±0.02）g/L，丙酸的浓度最低为（0.78±0.01）g/L［图3-5（e）］。在pH为7时，小分子酸的浓度随着发酵的进行，先增加后降低，因为前期光合细菌先利用优质碳源葡萄糖进行乙酸型、丁酸型和丙酸型发酵产氢，小分子酸逐渐累积，随着优质碳源浓度的降

070

低，光合细菌开始以小分子酸为碳源进行产氢代谢，小分子酸逐渐被消耗，后期由于代谢抑制物的累积，产氢代谢被抑制，造成部分小分子酸得不到有效利用，最终残留在发酵液中。从整个代谢途径来看，光合细菌 HAU-M1 以乙酸型产氢代谢为主，其次为丁酸型产氢代谢 [ 图 3-5 ( f )]。

## 3.3.4　环境温度的优化

微生物胞内的代谢活动均是通过一系列的酶促反应来实现的，合适的温度是保证酶促反应正常运行的前提。由于环境热平衡的关系，温度会对微生物细胞膜的通透性产生影响，进而影响营养物质在细胞内外的交换。在合适的温度范围内，光合细菌胞内酶才能维持高活性，本小节对不同温度下光合细菌的产氢和生长特性进行了分析，反应条件为：糖浓度 10g/L 的酶解液，光照强度 3000lx，初始 pH 为 7，发酵温度设置为 20℃、30℃、35℃、40℃ 和 45℃。如图 3-6 所示，在发酵温度为 20℃ 下，获得最低的累积产氢量，140h 后

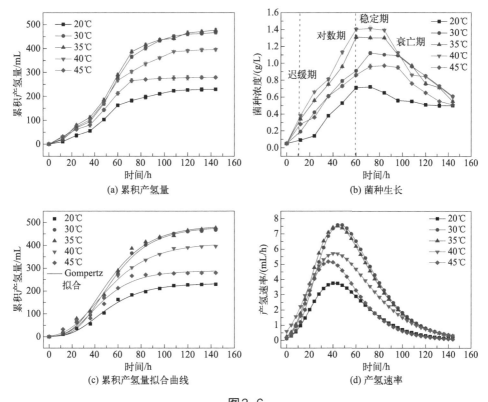

(a) 累积产氢量

(b) 菌种生长

(c) 累积产氢量拟合曲线

(d) 产氢速率

图 3-6

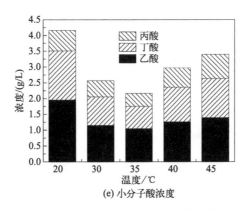

(e) 小分子酸浓度

图3-6　环境温度对产氢过程的影响

为（229.16±4.4）mL，在温度为30℃时，140h后累积产氢量达到（466.85±7.3）mL。从累积产氢量来看，30～35℃比较适合光合细菌产氢代谢的进行，较低的温度导致酶活性降低，较高的温度会使代谢系统热损伤。不同的发酵温度下，光合细菌表现出不同的生长特性，在发酵温度为40℃，光合细菌的增长速率高于其他实验组，最大浓度可以达到（1.41±0.03）g/L，在发酵温度为20℃时，光合细菌生长比较缓慢，菌种的浓度较低。采用修正的Gomperz模型对产氢过程进行动力学分析，可以看出产氢高峰期主要集中在前80h，在温度为30℃和35℃下，获得较高的产氢速率，分别为7.61mL/h和7.51mL/h（表3-4），拟合的动力学变量如表3-4所示，可以看出在温度为40℃下，有着较短的产氢延迟期为15.15h，因为在此温度下，光合细菌能较快地迅速增长。在代谢产物的分析中，温度为35℃时，底物利用比较充分，底物残留的小分子酸浓度最低，而在发酵温度为20℃时，发酵液中残留的小分子酸浓度最高。不同温度下，发酵类型仍以乙酸代谢途径和丁酸代谢途径为主。

表3-4　动力学变量

| 温度/℃ | $P_{max}$/mL | $r_{max}$/(mL/h) | $\lambda$/h | $R^2$ |
| --- | --- | --- | --- | --- |
| 20 | 233.05 | 3.77 | 18.66 | 0.9946 |
| 30 | 480.75 | 7.61 | 22.67 | 0.9935 |
| 35 | 486.08 | 7.51 | 19.75 | 0.9915 |
| 40 | 409.46 | 5.72 | 15.15 | 0.9950 |
| 45 | 288.07 | 5.19 | 16.51 | 0.9792 |

# 参考文献

[1] 蒋丹萍，韩滨旭，王毅，等. HAU-M1 光合产氢细菌的生理特征和产氢特性分析 [J]. 太阳能学报，2015, 36:290-294.

[2] 张全国，师玉中，张军合，等. 太阳光谱对光合细菌生长及产氢特性的影响研究 [J]. 太阳能学报，2007, 28:1136-1139.

[3] Prakasham R S, Brahmaiah P, Sathish T, et al. Fermentative biohydrogen production by mixed anaerobic consortia: Impact of glucose to xylose ratio. Int J Hydrogen Energy, 2009, 34:9354-9361.

[4] 秦艳. 盐生盐杆菌对类球红细菌生长和产氢的影响研究 [D]. 重庆：重庆大学，2009.

# 第**4**章

# 暗-光联合生物制氢过渡态特性及其调控

## 4.1　暗-光联合生物制氢过渡过程关键问题

　　暗发酵产氢有产氢速率高、产氢周期短等特点，但是底物的转化效率较低。在暗发酵产氢的过程中，理论上1mol的葡萄糖最高可以生成4mol的氢气，但是在产氢代谢过程中伴随着一些副产物的生成如小分子酸，而这部分有机酸不能被暗发酵细菌利用，最终导致实际产氢量低于理论产氢量。残留在暗发酵尾液中的有机酸可以作为碳源供光合细菌进行产氢代谢。同纯碳源相比，暗发酵尾液的成分显得更复杂，所以从暗发酵产氢结束后过渡到光合产氢阶段，会遇到以下问题：①暗发酵尾液中含有一定量的悬浮固体和絮凝物会阻碍光的传输，造成光能转化效率低，产氢量低；②暗发酵产氢结束后，尾液中残存有大量的铵根离子会对光合细菌的固氮酶产生抑制作用；③暗发酵尾液中残留的有机酸的浓度偏高，同时暗发酵尾液中含有大量的产氢抑制物会抑制光合细菌的代谢活动[1]。发酵工艺的不同，得到的暗发酵尾液有着不同的特性，最终使衔接工艺出现差异。所以对暗发酵产氢过渡到光合生物制氢这一过渡态的特性和工艺调控的研究是提高底物转化效率的关键。

## 4.2　暗-光联合生物制氢过渡态工艺调控

### 4.2.1　铵根离子浓度的调控

（1）铵根离子浓度对累积产氢量的影响

铵根离子可以为光合细菌的生长提供氮源，但过量的铵根离子会抑制固氮酶的活性进而抑制光合细菌的产氢代谢。为了探究不同浓度铵根离子的暗发酵尾液对过渡态产氢的影响，采用改性沸石对尾液中的铵根离子进行吸附来获得不同浓度铵根离子的尾液，暗发酵液初始的铵根离子浓度为（18.12±1.22）mmol/L，经过沸石处理后尾液中的铵根离子浓度得到不同程度的下降（表4-1）。

表4-1　不同浓度的铵根离子暗发酵尾液

| 实验组 | 暗发酵尾液体积/mL | 沸石量/g | 比例/（v/w） | 铵根离子浓度/（mmol/L） |
|---|---|---|---|---|
| 对照 | 100 | 0 | 1 | 18.12 ± 1.22 |
| E1 | 100 | 25 | 4：1 | 9.66 ± 0.98 |
| E2 | 100 | 30 | 3：1 | 4.22 ± 0.72 |
| E3 | 100 | 50 | 2：1 | 2.12 ± 0.32 |
| E4 | 100 | 100 | 1：1 | 1.16 ± 0.12 |

不同铵根离子浓度对过渡态的累积产氢量有着不同的影响，随着尾液中的铵根离子浓度的降低，累积产氢量先增加后降低，在以未处理的暗发酵尾液为底物时，累积产氢量最少，为（12.36±2.11）mL，因为较高的铵根离子浓度会抑制光合细菌固氮酶的活性，导致产氢代谢不旺盛，但当尾液中铵根离子的浓度低于2.12mmol/L时，产氢能力开始出现下降，因为在铵根离子浓度低的情况下，发酵液中缺少产氢微生物生长的氮源，造成产氢功能菌的数量较低，对底物利用不充分。发酵液中的铵根离子浓度为（2.12±0.32）mmol/L时，获得最高的产氢量，为（23.22±2.68）mL。较低的铵根离子浓度下发酵液中的OD$_{660}$较低，在铵根离子浓度为（1.16±0.12）mmol/L时，OD$_{660}$仅为0.576±0.066。在对照组发酵液中的菌种浓度较大，充足的氮源保证了细胞组成物质的合成，但是会导致底物中转移到细胞生长的能量较多，导致产氢量的降低（图4-1）。

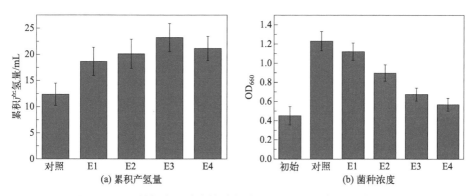

图4-1　不同铵根离子浓度的暗发酵尾液的累积产氢量和菌种浓度

表4-2  单因素方差分析

| 差异源 | SS | $d_f$ | MS | $F$ | $P$值 | $F$-crit |
|---|---|---|---|---|---|---|
| 组间 | 181.26 | 4 | 45.31 | 366.74 | $8.49 \times 10^{-11}$ | 3.48 |
| 组内 | 1.24 | 10 | 0.12 | | | |
| 总计 | 182.5 | 14 | | | | |

在对铵根离子浓度对产氢量影响的方差分析中，铵根离子的浓度对过渡态的累积产氢量有着显著的影响（$P<0.05$），因为铵根离子对光合产氢系统中的固氮酶的活性有着显著的影响（表4-2）。

（2）铵根离子浓度对发酵液理化特性的影响

沸石处理前后的尾液中的可溶性液相中主要的代谢产物的浓度基本没有发生变化（图4-2），因为沸石表面和溶液中的阴离子带有相同的电荷，由于电荷的排斥，沸石中的离子与尾液中的可溶性代谢产物交换量比较少，同时沸石表面还有亲水基，对有机物的吸附性较低[2]。

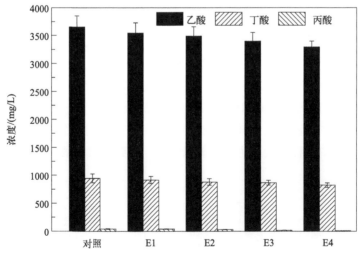

图4-2  沸石处理前后暗发酵尾液中液相成分变化

（3）铵根离子浓度对电子转移的影响

通过对发酵过程中底物的电子转移情况分析，能从机理上了解发酵液中有机质的流动方向。以COD来衡量电子的转移方向，氢气的理论COD

为16mg/mmoL[3]，光合产氢菌的结构可以看成C₅H₇O₂N，所以1g细胞对应的COD为1.42g[4]。在产氢发酵过程中电子流向主要有氢气、菌种生长、可溶性产物（SMPs）、底物残留[3]。在对菌种的增加量的计算过程中，不能以测得的OD₆₆₀来换算发酵液中的菌种质量，因为发酵的过程中会有一部分死亡的菌种沉落在反应器的底部，所以在测菌种的生长量时，需测细胞干重来决定菌种的增长量。菌种的增加量和发酵液中的铵根离子浓度有着密切的关联，铵根离子浓度越高对应的菌种生长代谢越旺盛，但是获得的氢气量较少。如图4-3所示，在对不同条件下底物的电子转移情况分析结果中，流向氢气、菌种生长、SMPs和底物残留的总能量占初始加入能量的99.84%±1.50%，表明实验准确度较高。在所有的实验组中，大部分的能量流向菌种生长和底物残留，

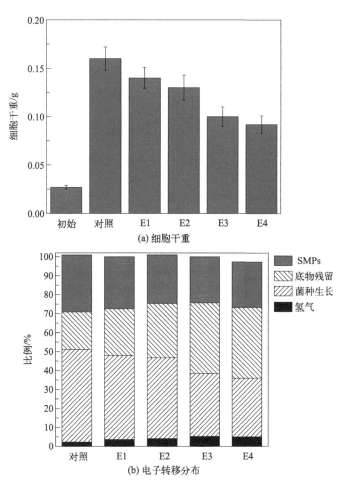

图4-3　不同铵根离子浓度下的细胞干重和电子转移分布

只有小部分流向氢气，在实验组E3，流向氢气的电子量的比例最大为5.31%，但是仍有33.22%的底物电子流向菌种生长，另外流向底物残留的电子量为37.18%。底物残留的能量随着铵根离子浓度的减少而增加，可能因为发酵液中的营养不平衡，造成大量的有机物得不到利用。尽管高的铵根离子浓度下底物残留的能量较少，但是流向菌种生长的能量较高，最终导致转移到氢气的能量较低。底物电子转移到SMPs的比例在24% ~ 30%，可以看出可溶性有机物的产生占用大量的底物能量。

（4）铵根离子浓度对产氢动力学的影响

通过动力学分析，最大累积产氢量在铵根离子浓度为2.12mmol/L时获得，为21.76mL，在发酵进行6.72h获得最高的产氢速率，1.57mL/h（图4-4）。未经

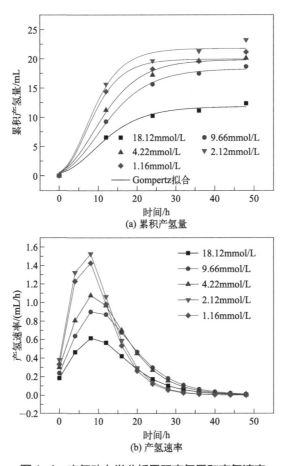

图4-4　产氢动力学分析累积产氢量和产氢速率

过沸石吸附的暗发酵尾液的累积产氢量最小，为11.82mL，因为未进行吸附的尾液中的铵根离子浓度较高，可抑制产氢细菌胞内固氮酶的活性。不同浓度的铵根离子下产氢速率动力分析显示产氢高峰期主要集中在前24h，在前24h获得的产氢量占整个发酵过程的83%～86%。从表4-3可以看出，实验组的最高产氢速率随着铵根离子的浓度增加，先增加后降低，因为过高的铵根离子浓度抑制产氢代谢的进行，而过低的铵根离子浓度造成发酵系统中的菌种量少，氢气的释放量少。

表4-3　产氢动力学变量

| 铵根离子浓度/(mmol/L) | $P_{max}$/mL | $r_m$/(mL/h) | $\lambda$/h | $R^2$ | $t_{max}$/h |
|---|---|---|---|---|---|
| 18.12 | 11.82 | 0.62 | 1.71 | 0.9837 | 8.75 |
| 9.66 | 18.27 | 0.92 | 2.16 | 0.9940 | 9.46 |
| 4.22 | 19.85 | 1.08 | 1.82 | 0.9925 | 8.58 |
| 2.12 | 21.76 | 1.57 | 1.62 | 0.9736 | 6.72 |
| 1.16 | 19.94 | 1.47 | 1.72 | 0.9791 | 6.72 |

## 4.2.2　悬浮物去除的调控

### （1）悬浮物的去除对累积产氢量的影响

经过沸石和离心处理后的暗发酵尾液中仍会残留一些微生物胞体，为了消除悬浮物对产氢的影响，采用了不同的净化处理方式去除残留的悬浮物。

从整个发酵周期来看，以暗发酵尾液进行光合产氢的发酵周期为48h，而以秸秆为底物的产氢周期为84～96h[5]，可能因为暗发酵尾液的有机质能够较快地被光合产氢菌吸收利用。如图4-5（a）所示，在采用紫外灭菌和0.45μm的滤头处理下，获得的氢气量最高，达到（42.15±2.2）mL，其次为高温灭菌和0.45μm的滤头的实验组产氢量为（31.81±2.31）mL，而高温灭菌后的暗发酵尾液的产氢量最少为（26.80±2.7）mL，因为在微酸性条件下进行加热，发酵液中戊聚糖会分解成木糖和阿拉伯糖，木糖进一步分解为糠醛，而糠醛对光合细菌来说是一种产氢抑制物，影响产氢代谢的进行，同时高温灭菌后发酵液中会产生一些漂浮的絮状物阻碍光的传输。在紫外灭菌和0.45μm滤头过滤的实验组氢气的浓度相对较高，当发酵进行到12h，氢气浓度达到最高为

33.74% ± 3.1%，而在高温灭菌实验组下的氢气浓度在整个发酵的过程中维持着较低的水平 [图4-5（b）]。

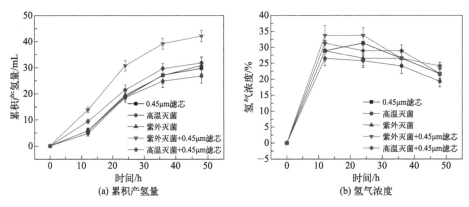

(a) 累积产氢量　　　　　　　　　(b) 氢气浓度

图4-5　净化方式对暗发酵尾液光合制氢过程的影响

通过对实验组进行单因素方差分析可以看出悬浮物的去除对累积产氢量有着显著的影响（$P<0.05$）（表4-4）。

表4-4　单因素方差分析

| 差异源 | SS | $d_f$ | MS | $F$ | $P$值 | $F$-crit |
|--------|------|-------|--------|--------|------------------------|--------|
| 组间 | 409.58 | 4 | 102.40 | 539.31 | $1.25 \times 10^{-11}$ | 3.48 |
| 组内 | 1.90 | 10 | 0.19 | | | |
| 总计 | 411.48 | 14 | | | | |

（2）悬浮物的去除对发酵液理化特性影响

悬浮物的去除方式对发酵过程中发酵液的pH变化影响不是很显著，可以看出在开始阶段，发酵液pH值从初始7降到5.6 ～ 5.9，因为在暗发酵尾液中仍残留一定浓度的糖类有机质，与小分子酸相比，光合细菌首先利用高品质的碳源糖进行代谢，在EMP的代谢途径下葡萄糖被分解成ATP、丙酮酸和还原辅酶Ⅰ（NADH），而丙酮酸在NADH的作用下会进一步生成乳酸，所以在发酵的前期pH出现了一定程度的下降[6]，但是随着发酵的进行，发酵液的pH逐渐上升，因为发酵液中小分子酸被光合细菌利用。在发酵结束后发酵液呈现出偏酸性，可能因为发酵液中残留一些不能被利用的小分子酸 [图4-6（a）]。

ORP是影响厌氧发酵的重要的生态因子，它反映产氢发酵液的还原当量的净平衡，当还原能力高于氧化能力时，氧化还原作用就会下降，反之，氧化还原电位上升，还原力主要来自产氢过程中微生物对底物的降解以及菌种的生长繁殖，氧化力的产生主要是发酵液中溶解的氧气。在发酵运行到12h，发酵液的ORP达到最低，在−475mV到−442mV之间，随着发酵的进行，还原力的产生速率低于消耗速率，所以在后期发酵液中的ORP逐渐上升，在整个发酵的过程中发酵液的ORP维持在−475mV到−310mV，能够满足菌种的厌氧发酵的需求 [图4-6（b）]。

在紫外灭菌和0.45μm滤头作用下，发酵液中的菌种浓度相对较高，最高的$OD_{660}$为1.26 ± 0.05。在发酵进行12h时，所有实验组的菌种达到最高浓度，后期随着发酵的进行，发酵液中的菌种浓度逐渐降低，因为发酵液中有机物浓度的降低和抑制物的累积导致菌种逐渐衰亡 [图4-6（c）]。

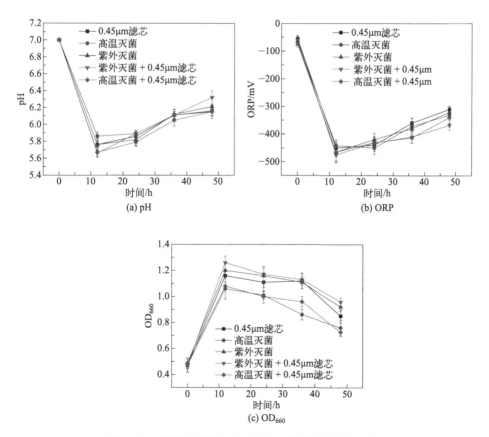

图4-6　悬浮物去除方式对过渡态发酵液特性的影响

（3）悬浮物去除方式对电子转移的影响

如图4-7所示，在发酵结束后，高温处理的实验组菌种细胞干重最低，因为在高温的条件下，发酵液中残留的木糖会被分解成糠醛，对光合细菌的生长代谢产生抑制作用。在紫外灭菌和滤芯相结合的处理方式下，发酵结束后细胞的干重最大，为（0.1±0.01）g，因为紫外线可以有效地杀死尾液中残留的杂菌，滤芯的过滤有效去除尾液中的悬浮颗粒和一些菌种絮凝体。在发酵过程中，电子的转移分析结果显示经过不同净化后，虽然底物电子转移到氢气的比例有一定程度的提高，但是大量的底物能量转移到菌种生长和底物残留，导致较低的能量转移到氢气。只进行高温处理的实验组，底物电子转移到氢气的比例最小为6.13%，因为加热后发酵液中生成的产氢抑制物阻碍了产氢的进行，造成大量的底物得不到有效利用，底物残留占有36.55%的能量，同时SMPs高于其他实验组，占底物总能量的18.88%。在紫外和滤芯的实验组底物转移到菌种生长的能量最高，为45.51%，底物转移到氢气的电子能量也达到最大，为9.64%，因为此状态下底物的利用率较高，底物残留的能量仅为26.65%，低于其他实验组，同时转移到SMPs的能量比较低。

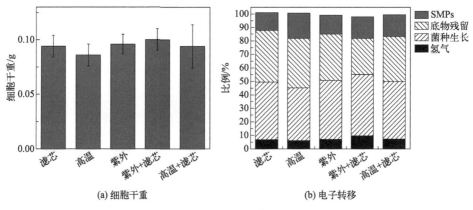

(a) 细胞干重　　　　　　(b) 电子转移

图4-7　不同净化方式下的细胞干重和电子转移

（4）悬浮物的去除对产氢动力学的影响

采用动力学方程式对不同悬浮物去除方式对发酵产氢动力学影响进行分析，$R^2 > 0.9991$表明数据拟合效果较好，最大累积产氢量在紫外灭菌+0.45μm滤芯实验组获得，为43.18mL，在发酵进行13.43h获得最高产氢速率为1.65mL/h，同时产氢延迟期也最小为3.8h，表明在此条件下光合细菌能

较快地适应发酵环境。高温处理的产氢实验组有着较长的产氢延迟期，为
8.44h。所有实验组的产氢高峰期主要集中在12 ～ 24h，约占总阶段产氢量的
70% ～ 80%（图4-8，表4-5）。

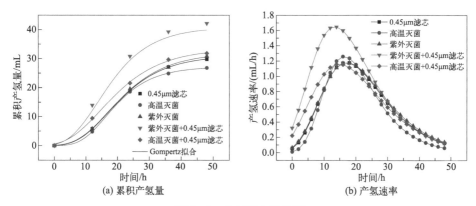

图4-8　产氢动力学分析

表4-5　产氢动力学参数

| 实验组 | $P_{max}$/mL | $r_m$/(mL/h) | $\lambda$/h | $R^2$ | $t_{max}$/h |
| --- | --- | --- | --- | --- | --- |
| 0.45μm滤芯 | 31.12 | 1.18 | 7.4 | 0.9999 | 17.10 |
| 高温灭菌 | 27.22 | 1.26 | 8.44 | 0.9999 | 16.39 |
| 紫外灭菌 | 31.99 | 1.18 | 7.27 | 0.9991 | 17.24 |
| 紫外灭菌+0.45μm滤芯 | 43.18 | 1.65 | 3.8 | 0.9960 | 13.43 |
| 高温灭菌+0.45μm滤芯 | 33.4 | 1.16 | 4.24 | 0.9990 | 14.83 |

## 4.2.3　产氢培养基组分的调控

（1）产氢培养基组分对累积产氢量的影响

培养基为微生物提供稳定的发酵环境和生长所需的微量元素。在暗发酵
产氢阶段，加入的培养基组分为：蛋白胨4.0g/L、NaCl 4.0g/L、$MgCl_2$ 0.1g/L、
$CH_3COONa$ 2.0g/L、$K_2HPO_4$ 1.5g/L和酵母膏1.0g/L，光合产氢阶段需要的培
养基组分为：$NH_4Cl$ 0.4g/L、$MgCl_2$ 0.2g/L、酵母膏0.1g/L、$K_2HPO_4$ 0.5g/L、
NaCl 2g/L和谷氨酸钠3.5g/L，pH值为7[7]。为了满足过渡态微生物生长和代

谢对营养元素的需求，需要加入一定量的培养基。但过量试剂的添加不仅会对过渡态的产氢菌代谢活动产生抑制作用，也会造成资源的浪费。在光合产氢培养基组分的基础上，对过渡态过程中产氢培养基进行优化。如图4-9所示，当培养基中无谷氨酸钠时，发酵周期内获得的氢气量较少，因为谷氨酸是生物机体内氮代谢的基本氨基酸之一，缺少谷氨酸钠导致产氢微生物氮代谢不稳定。无NaCl实验组的氢气量高于药品全加的实验组，因为NaCl与维持细胞的渗透压有关，高浓度的NaCl会对厌氧发酵正常运行产生不良冲击[8]，在暗发酵产氢过程中产氢培养基中的NaCl浓度达到4g/L，而光合细菌的最适的NaCl浓度为2g/L[7]，所以若继续添加NaCl，会造成产氢微生物细胞内外渗透压不平衡，影响物质的传输，进而影响底物的转化。在一些厌氧的发酵过程中，为了减少$Na^+$的添加量，而采用KOH溶液对发酵过程的pH进行调节[9]。暗发酵尾液经过沸石的处理后仍残留一定浓度的铵根离子，所以在产氢培养基中添加$NH_4Cl$造成铵根离子浓度升高，抑制产氢代谢。产氢培养基中不添加NaCl和$NH_4Cl$的实验组获得较高的产氢量为（46.66 ± 2.8）mL，其次为不加$NH_4Cl$的实验组，氢气量为（44.59 ± 1.89）mL，不加谷氨酸钠的实验组产氢量最少，为（27.62 ± 2.3）mL。所有实验组的氢气浓度在发酵进行到12h时，达到最高，后期随着可利用底物浓度的减少，氢气浓度逐渐下降，最高氢气浓度出现在不添加NaCl的实验组和不添加$NH_4Cl$的实验组，均达到38.56%。从累积产氢量来看，不添加NaCl和$NH_4Cl$的产氢培养基最适合过渡阶段。

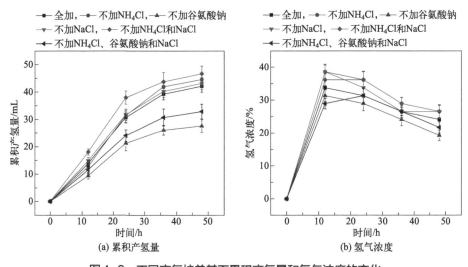

图4-9 不同产氢培养基下累积产氢量和氢气浓度的变化

通过对实验组进行单因素方差分析可以看出培养基的组成对累积产氢量有着显著的影响（$P<0.05$）（表4-6）。

表4-6　单因素方差分析

| 差异源 | SS | $d_f$ | MS | $F$ | $P$值 | $F$-crit |
|---|---|---|---|---|---|---|
| 组间 | 859.24 | 5 | 171.85 | 164.27 | $1.28 \times 10^{-11}$ | 3.11 |
| 组内 | 12.55 | 10 | 1.05 | | | |
| 总计 | 871.79 | 15 | | | | |

（2）产氢培养基组分对发酵液理化特性的影响

产氢培养基的差异造成发酵环境的迥异，进而影响菌种的代谢活动，引起发酵液表现出不同的特性。在发酵前期，产氢微生物为了适应发酵环境而进行代谢活动改变了发酵环境的pH，在发酵进行到12h，pH值从初始7降到5.66左右，但是随着发酵的进行发酵液中小分子酸不断被消耗，发酵液的pH出现上升的趋势。所有实验组发酵过程中的pH差别不是很大，在发酵结束后，发酵液的pH在6.15～6.35，这是因为发酵液中仍然残留一定浓度的小分子酸，当小分子酸降低到一定浓度时，光合细菌不再利用其进行产氢代谢，只进行生长代谢，所以在发酵结束后发酵液呈现出偏酸性［图4-10（a）］。

较低的ORP是产氢菌进行产氢代谢的重要保障，在发酵运行到12h时，发

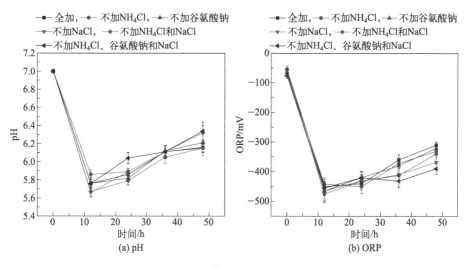

图4-10

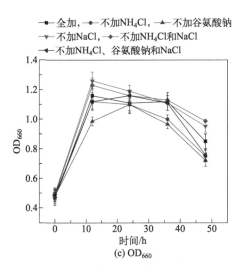

图4-10 不同配比产氢培养基下发酵液特性

酵液的ORP达到最低值，在−475 ～ −442mV之间，随着发酵的进行发酵液的ORP逐渐上升，因为后期发酵液中的有机质逐渐被消耗，光合细菌产生的还原当量减少［图4-10（b）］。添加谷氨酸钠的实验组的菌种在发酵进行到12h浓度达到最大值，而没有添加谷氨酸钠的实验组产氢菌浓度在发酵进行到24h达到最大，因为谷氨酸钠是菌种合成必需的氨基酸。后期随着发酵的进行，产氢菌浓度逐渐降低，这是因为在后期的发酵中有机质含量逐渐降低，菌种生长抑制物逐渐累积［图4-10（c）］。

（3）产氢培养基组分对电子转移的影响

如图4-11所示，缺少谷氨酸钠的实验组细胞干重比较低，因为谷氨酸是细胞合成中重要的氨基酸。同时不添加$NH_4Cl$的实验组也表现出低细胞干重，因为铵根离子可以为细胞的合成提供氮源。从不同组分的产氢培养基条件下发酵液中底物电子的转移情况可以看出发酵液中的大多数有机质没有得到充分的利用，底物残留和转移到SMPs的能量占初始补给时的总能量的40% ～ 60%。从电子转移的角度分析，产氢培养基的优化，可以促进底物的电子到氢气，在不添加$NH_4Cl$和NaCl的实验组电子转移到氢气的比例最高，为10.66%，因为暗发酵尾液中残留一定浓度的铵根离子，添加$NH_4Cl$会导致铵根离子浓度过高进而抑制固氮酶的活性。暗发酵尾液中残留一定量的NaCl，继续添加NaCl会对细胞的渗透压产生影响，一定的能量被消耗来维持细胞内渗透压的平衡，导致电子转移到氢气的数量占有比例减少。

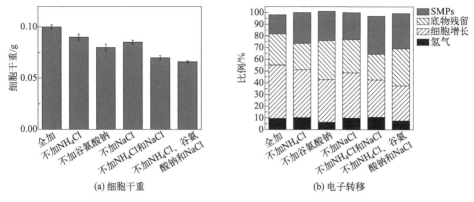

(a) 细胞干重

(b) 电子转移

**图4-11　不同配比产氢培养基下的细胞干重和电子转移**

（4）产氢培养基组分对产氢动力学的影响

采用修正的Gompertz模型和产氢速率动力学方程对不同培养基下的产氢过程进行动力学分析。

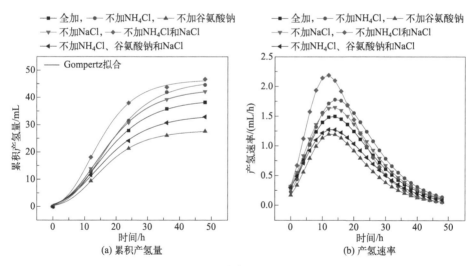

(a) 累积产氢量

(b) 产氢速率

**图4-12　产氢动力学分析**

**表4-7　产氢动力学变量**

| 实验组 | $P_{max}$/mL | $r_m$/(mL/h) | $\lambda$/h | $R^2$ | $t_{max}$/h |
|---|---|---|---|---|---|
| 药品全加 | 32.29 | 1.5 | 3.66 | 0.9995 | 13.30 |
| 不加$NH_4Cl$ | 46.15 | 1.78 | 4.99 | 0.9997 | 14.53 |

| 实验组 | $P_{max}$/mL | $r_m$/(mL/h) | $\lambda$/h | $R^2$ | $t_{max}$/h |
|---|---|---|---|---|---|
| 不加谷氨酸钠 | 27.99 | 1.2 | 4.23 | 0.9986 | 12.81 |
| 不加NaCl | 43.18 | 1.65 | 3.80 | 0.9996 | 13.43 |
| 不加NH$_4$Cl和NaCl | 46.5 | 2.19 | 3.78 | 0.9993 | 11.59 |
| 不加NH$_4$Cl、谷氨酸钠和NaCl | 33.69 | 1.28 | 3.23 | 0.9992 | 12.91 |

$R^2$>0.9983表明模型拟合比较好，拟合值和实验值没有显著性差别，在不加NH$_4$Cl和NaCl的实验组获得最大累积产氢量，为46.5mL，在发酵进行到11.59h获得最大产氢速率，为2.19mL/h。其次为不加NH$_4$Cl的实验组，最大累积产氢量为46.15mL，最高产氢速率达到1.78mL/h，在发酵进行到14.53h获得，相对应的产氢延迟期为4.99h。最小的累积产氢量出现在不加谷氨酸钠的实验组为27.99mL，产氢最大速率只有1.2mL/h，这是因为谷氨酸是细胞合成的重要氨基酸，缺少谷氨酸导致细胞的生长代谢不旺盛。在不加NH$_4$Cl、谷氨酸钠和NaCl的实验组的产氢延迟期最短为3.23h，表明在此状态下光合细菌能较好地适应环境进行产氢代谢（图4-12、表4-7）。

## 4.2.4 稀释比的调控

### （1）稀释比对累积产氢量的影响

对暗发酵尾液进行稀释，可以降低发酵液中有机酸浓度和产氢抑制物的浓度，促进过渡态底物的转化。用蒸馏水按照不同的比例对预处理后的暗发酵尾液进行稀释，其中对照组为未稀释的实验组，不同比例稀释下，发酵液中的乙酸和丁酸的浓度出现了不同程度的下降，同时发酵液中的总有机碳（TOC）浓度随着稀释比的增加逐渐降低，因为随着稀释比的增加，发酵液中的有机质浓度逐渐降低。从累积产氢量来看，对暗发酵尾液进行稀释可以提高其产氢能力，在稀释比例为1：0.5时，获得最高的累积产氢量为（72.49±2.5）mL，尾液的产氢潜力为（1367.65±47.17）mL/L暗发酵尾液，在稀释比为1：1时，累积产氢量为（38.98±1.6）mL，低于对照组的（46.66±2.6）mL，但是在稀释比为1：1时的尾液的产氢潜力为（974.56±40）mL/L暗发酵尾液，高于对照组的（583.25±32.5）mL/L暗发酵尾液，进一步增加稀释比，累积产氢量和暗发酵尾液的产氢潜力开始降低，当稀释比为1：2时，累积产氢量仅

为（11.24±1.1）mL，暗发酵尾液的潜力为（416.23±40.74）mL/L暗发酵尾
液。稀释比过高导致发酵液中的有机质含量少，造成微生物代谢能量不足。在
稀释比为 1 ： 0.5 的情况下，获得最高累积产氢量和最大暗发酵尾液的产氢能
力，在此稀释比下，发酵液中乙酸和丁酸的浓度分别为（1.61±0.11）g/L 和
（0.42±0.01）g/L［图 4-13（a）、图 4-13（b）］。

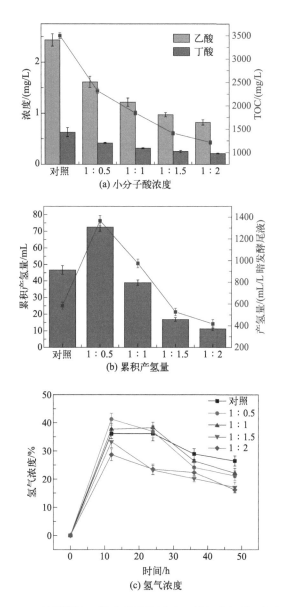

图4-13　不同稀释比下的小分子酸浓度、累积产氢量和氢气浓度

在发酵过程中氢气的浓度随着发酵的进行先增加后降低，在稀释比为 1 : 0.5时，发酵进行到12h氢气的浓度达到最高，为41.23% ± 2.1%，在稀释比为1 : 1的条件下，氢气浓度在发酵进行到24h达到最高为38.24% ± 1.9% [图4-13（c）]。Azbar等[10]报道在以乳酪废水进行两步法产氢时，在暗发酵过渡到光合阶段的最佳稀释比为1 : 5，Seifertd等[11]发现在以口香糖废水为原料进行两步法制氢的过程中，最佳的稀释比为1 : 8。稀释比的不同，可能是由发酵底物的特性、发酵工艺、运行模式和产氢微生物等因素的不同造成的。

通过对实验组进行单因素方差分析可以看出稀释比对累积产氢量有着显著的影响（$P<0.05$）（表4-8）。

表4-8　单因素方差分析

| 差异源 | SS | $d_f$ | MS | $F$ | $P$ 值 | $F$-crit |
|---|---|---|---|---|---|---|
| 组间 | 7290.29 | 4 | 1822.57 | 1381.65 | $1.15 \times 10^{-13}$ | 3.48 |
| 组内 | 13.19 | 10 | 1.32 | | | |
| 总计 | 7303.48 | 14 | | | | |

（2）稀释比对发酵液的理化特性的影响

稀释通过改变发酵液中的可利用有机质和产氢抑制物的浓度来影响产氢菌的代谢活动。在发酵进行的前12h，发酵过程的pH从原来的7降到5.7左右，但是在后期随着发酵的进行，发酵液中的小分子酸会被光合细菌利用进行产氢代谢，最终使发酵液中的pH出现上升的趋势，稀释后的发酵液的最终pH高于未稀释的实验组，同时稀释比越大，发酵结束最终的pH越高，因为稀释降低了尾液中残留的产氢抑制物浓度和小分子酸浓度，使细菌能较好地进行产氢代谢和生长代谢，从而提高了底物中小分子酸的利用率。在所有的实验组中发酵液的ORP差别不是很大，维持在−477mV到−330mV，保证厌氧发酵的需求，在12 ～ 24h之间发酵液的ORP数值较低，同时在此阶段产氢速率也最高。从菌种的生长来看，未稀释组的菌种的浓度保持着较高的数值，因为未稀释组发酵液中的氮源充足，促进了微生物的生长。在发酵进行到12h，所有实验组的菌种浓度达到最高值（图4-14）。

（3）稀释比对电子转移的影响

在不同的稀释比下，随着稀释比的增加，产氢结束后的细胞干重逐渐降低，因为氮含量较低导致细胞结构的合成物合成不足。在稀释比为1 : 2时，

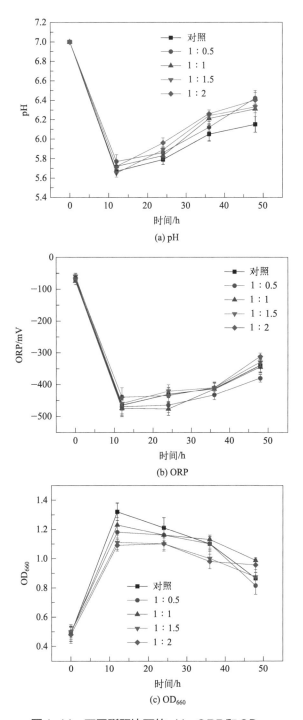

图4-14　不同稀释比下的pH、ORP和OD$_{660}$

细胞干重最小为0.054g［图4-15（a）］。

经过稀释的细胞生长所占据的电子比例明显高于未稀释的实验组，当稀释比为1∶2时，转移到细胞生长的能量占底物初始能量的74.45%。随着稀释比的增加，电子转到氢气的比例先增加后减少，在稀释比为1∶0.5时，电子转移到氢气的比例达到最大，为27.24%，当稀释比超过1∶0.5时，电子转向氢气的比例开始降低。在稀释比为1∶1时电子转移到氢气的比例高于对照组，为16.87%，继续增加稀释比，电子转移到氢气的比例低于对照组，因为大量的电子转移到细胞生长。另外可以发现，通过对发酵液稀释，会使转移到SMPs的能量降低，可能因为经过稀释后，发酵液的密度低，细胞内的胞液不易分泌出胞外。通过对暗发酵尾液进行稀释可以在一定程度上促进底物能量转移到氢气［图4-15（b）］。

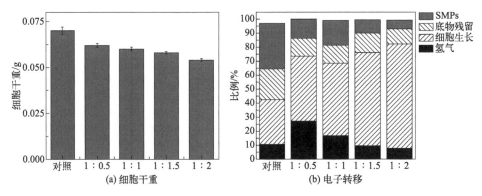

图4-15　不同稀释比下的细胞干重和电子转移

（4）稀释比对产氢动力学的影响

采用修正后的Gompertz模型对不同稀释比下产氢过程进行分析，结果显示累积产氢量随着稀释比的增加而降低，在稀释比为1∶0.5时，获得最高的累积产氢量为72.86mL，最高产氢速率可以达到3.34mL/h，在发酵进行13.33h时获得。随着稀释比的增加，最高产氢速率逐渐降低，因为稀释比越高，发酵液中的有机质浓度越低，造成产氢代谢活动不旺盛。在发酵周期中，产氢的高峰期主要集中在发酵的前24h，在此阶段的氢气量占总产氢量的80%～90%，在稀释比为1∶0.5的实验组的产氢速率一直处于较高状态。稀释比为1∶2的实验组，产氢速率率先达到最高点，在发酵进行到10.23h时获得，可能因为随着稀释比的增加，底物中的抑制物浓度较少，菌种可以较快地进行生长并达到相应状态下菌种增长量的阈值，氢气被释放（图4-16、表4-9）。

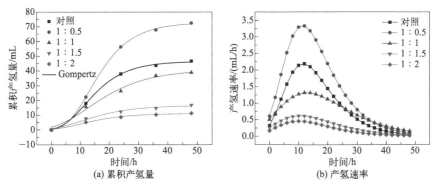

(a) 累积产氢量　　　　　　　(b) 产氢速率

图4-16　产氢动力学分析

表4-9　产氢动力学变量

| 类别 | $P_{max}$/mL | $r_m$/(mL/h) | $\lambda$/h | $R^2$ | $t_{max}$/h |
|---|---|---|---|---|---|
| 对照组 | 46.5 | 2.19 | 3.78 | 0.9993 | 11.59 |
| 1：0.5 | 72.86 | 3.34 | 5.3 | 0.9997 | 13.33 |
| 1：1 | 40.82 | 1.32 | 1.47 | 0.9909 | 12.84 |
| 1：1.5 | 16.47 | 0.62 | 0.81 | 0.9882 | 10.58 |
| 1：2 | 11.09 | 0.46 | 1.37 | 0.9943 | 10.23 |

## 4.2.5　碳源的调控

### （1）碳源的调控对累积产氢量的影响

碳源结构对微生物的产氢代谢有着显著的影响，优质碳源可为微生物快速适应环境提供基础。为了改变暗发酵尾液中碳源结构，一些学者做了一些研究，Azbar等[10]采用L-苹果酸对暗发酵尾液进行调节，L-苹果酸的添加有效地改变了暗发酵尾液中碳氮比进而提高了底物的产氢量，Sliva等[12]利用乳糖和葡萄糖对暗发酵尾液进行调节，发现外加碳源不仅可以提高底物的产氢量，也增强了产氢过程中光合细菌的稳定性。玉米秸秆经过酶水解被降解成优质的六碳糖和五碳糖，与工业获得的葡萄糖、乳糖和L-苹果酸相比，玉米秸秆酶解液更容易获得，并且价格低廉。因此本小节采用酶解液为优质碳源来调节暗发酵尾液的营养成分，分析酶解液的添加对过渡态产氢性能的影响。以酶解液为底物的实验组为对照，可以看出以暗发酵尾液和酶解液混合物为底物时进行产氢，发酵周期较短，发酵进行到48h基本没有氢气产生，在以酶解液为底物时，发酵周期为72h，这可能因为暗发酵液中含有较多的有机氮，促进了光合细菌的生长，使其在较短的时间内进入对数期，而以酶解液为底物时，发酵液中的有机氮含量较低，光合细菌生长相对较慢。对照组获得较高的累积产氢量，达到（253.86±7）mL，在混合底物进行发酵产氢时，随着酶解液添加量的减少，累积产氢量逐渐降低，当暗发酵尾液和酶解液的配比为1：1时，获得最高的累积产氢量为（199.39±7）mL，其次为2：1时，累积产氢量达到（159.31±7）mL，在暗发酵尾液和酶解液的比例为5：1时，获得最少的累积产氢量，为（46.98±7）mL，可能因为酶解液的减少造成发酵液中的优质有机质含量降低，产氢代谢受到抑制 [图4-17（a）]。

发酵液的总有机碳（TOC）被产氢微生物进行代谢产生能量并释放氢气，从TOC的降解和氢气的生成量关系可以看出，以酶解液为底物时，降解单位质

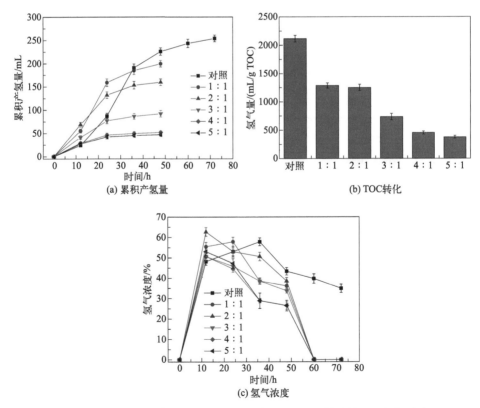

图4-17　不同酶解液添加量下的累积产氢量、TOC转化情况和氢气浓度

量TOC转换成氢气量较高，达到2115.33mL/g TOC，当暗发酵尾液和酶解液混合时，发酵液中的TOC转化成氢气能力较低，在暗发酵尾液和酶解液混合比例为1 : 1和2 : 1时，TOC转成氢气能力分别为（1287.06±45.18）mL/g TOC和（1251.27±54.78）mL/g TOC，两者差别不是很大，继续减少发酵液中酶解液的体积，TOC转化成氢气的能力逐渐降低，当暗发酵尾液和酶解液的配比为5 : 1时，发酵液中的TOC的转化率最低，为（379.75±24.25）mL/g TOC［图4-17（b）］。

以酶解液为发酵底物时，发酵进行到36h氢气的浓度达到最高值，为57.84%±1.9%，而以酶解液和暗发酵尾液为混合发酵底物时，氢浓度的最高值集中在前24h，当比例为1 : 1时，氢气的最高浓度出现在24h，为57.84%±2.2%，而其他实验组的氢气浓度最高值出现在12h。在所有的实验组中，当暗发酵尾液和酶解液的比例为2 : 1时，获得的氢气浓度最高，达到62.66%±2.13%。

通过对比来看，在暗发酵尾液和酶解液比例为2 : 1时，暗发酵尾液的利用效果较好，所以最佳的暗发酵尾液和酶解液配比为2 : 1。

通过对实验组进行单因素方差分析可以看出酶解液的添加对累积产氢量有着显著的影响（$P<0.05$）（表4-10）。

表4-10　单因素方差分析

| 差异源 | SS | $d_f$ | MS | $F$ | $P$值 | $F$-crit |
|---|---|---|---|---|---|---|
| 组间 | 106275.5 | 5 | 21255.1 | 3837.92 | $8.73 \times 10^{-19}$ | 3.11 |
| 组内 | 66.46 | 12 | 5.538 | | | |
| 总计 | 106341.96 | 17 | | | | |

（2）碳源的调控对发酵液理化特性的影响

在发酵初始阶段，对照组（酶解液为底物）的TOC浓度为（6070.08±55）mg/L，TN的浓度为（563±55）mg/L，发酵液中的C/N为10.78，在发酵进行72h结束后，发酵液中的TOC和TN的浓度出现不同程度的下降，因为发酵液中的碳源是微生物活动能量的主要来源，氮源是产氢微生物细胞合成的重要元素，在产氢的代谢过程中产氢微生物不停地生长和衰亡，造成发酵前后TOC和TN的浓度出现差别，发酵结束后TOC和TN的浓度分别为（5070±36）mg/L和（493±21）mg/L，C/N为10.28。在以酶解液和暗发酵尾液的混合物为产氢发酵底物时，随着酶解液含量的降低，发酵液中的TOC浓度逐渐降低而TN逐渐增加，当暗发酵尾液和酶解液的比例为1∶1时，发酵液的初始TOC浓度为（5673±45）mg/L和（847±25）mg/L，发酵液的C/N为6.7，发酵结束后TOC和TN的浓度分别为（4382±35）mg/L和（688±18）mg/L，发酵液中C/N为6.37；而当暗发酵尾液和酶解液的比例为2∶1时，发酵液的初始TOC和TN的浓度为（5494±43）mg/L和（905±25）mg/L，发酵液的C/N为5.64，发酵结束后TOC和TN的浓度分别为（4433±40）mg/L和（786±18）mg/L，发酵液中C/N为5.64；继续减少酶解液的添加量，当暗发酵尾液和酶解液的比例从3∶1到5∶1时，发酵液中初始的TOC和TN的浓度差别不是很大，TOC浓度变化范围在5390～5327mg/L，TN的浓度变化范围在977～1015mg/L，发酵结束后发酵液中的TOC浓度变化范围在4353～4296mg/L，TN的浓度变化范围在831～843mg/L［图4-18（a）］。

在不同的暗发酵尾液和酶解液的配比下，发酵结束后细菌的浓度如图4-18（b）所示，发酵液中初始的$OD_{660}$为0.412，由于光合细菌利用发酵液中的有机质进行生长代谢，所以发酵结束后发酵液中的菌种浓度有不同程度增加，从增加的趋势来看，随着暗发酵尾液比例的增加发酵结束后发酵液中的$OD_{660}$逐渐增大，在暗发酵尾液和酶解液比例为5∶1时，发酵结束后的$OD_{660}$为0.782，因为暗发酵尾液含量增加发酵液中TN含量变大，供给细菌生长的氮元素变充足，细菌生长就更好，发酵结束后发酵液中菌种的浓度就更高。

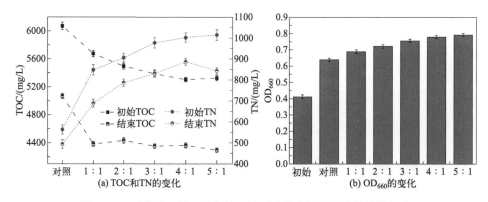

图4-18 暗发酵尾液和酶解液配比对光合产氢发酵液特性的影响

（3）碳源的调控对电子转移的影响

不同比例的暗发酵尾液和酶解液混合液产氢结束后，以酶解液为底物时，发酵结束后细胞的干重最小，随着酶解液占有的比例减少，细胞干重逐渐增加，因为氮元素是合成细胞的重要元素，随着酶解液占有比例的减少，发酵液中的TN浓度逐渐增加，细胞的生长代谢旺盛，在暗发酵尾液和酶解液的比例为5 ∶ 1时的细胞干重达到最高，为0.12g［图4-19（a）］。酶解液的添加改变了发酵液中的营养结构，提高了发酵液中碳源的质量，促进了底物的利用，酶解液的添加对底物电子的转移影响如图4-19（b）所示，在混合底物中，暗发酵尾液和酶解液比例为1 ∶ 1时，底物电子转移到氢气的比例最大，为29.96%，表明底物中29.96%的能量被转移到氢气，单独以酶解液为产氢底物时，底物电子转移到氢气的比例为37.93%，当混合比例超过1 ∶ 1时，随着酶解液含量的减少，电子转移到氢气的比例逐渐减少，在暗发酵尾液和酶解液的比例为5 ∶ 1时，底物中的电子转移到氢气的比例最小，为9.32%。随着酶解液添加比例的减少，底物电子转移到菌种生长的比例逐渐增加，因为随着暗发酵尾液比例增加，发酵液中的有机氮含量增加，利于菌种的生长。在暗发酵液和酶解液的比例为5 ∶ 1时，底物电子转移到菌种生长的比例为47.34%，同时也有大量的SMPs形成，对底物转化成氢气有着消极的作用。所以提高菌种的适应性，降低SMPs的生成和底物残留是提高底物转化率的有效手段。

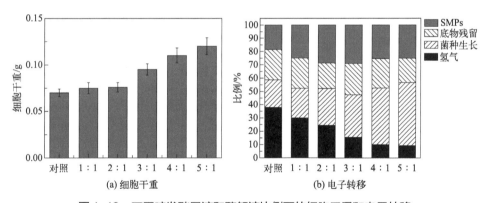

图4-19 不同暗发酵尾液和酶解液比例下的细胞干重和电子转移

（4）碳源的调控对产氢动力学的影响

采用修正的Gompertz模型和产氢速率动力学方程对产氢过程进行动力学分析，拟合得到的$R^2$>0.9966表明模型拟合比较好，拟合值和实验值没有显著性差别，暗发酵尾液和酶解液的混合物有着较短产氢周期，对照组的累积产氢量最大为256.69mL，在混合底物中，在暗发酵尾液和酶解液的配比为1 ∶ 1时，获得最高的累积产氢量，为198.87mL，在发酵进行13.72h获得，最高的产氢速率为10.23mL/h。最高产氢速率随着暗发酵尾液占有的比例增加而降低，这是因为暗发酵尾液比例增加，发酵液中优质碳源含量降低，光合细菌产氢速率下降，但是产氢延迟期也随着暗发酵尾液的比例增加而降低，在暗发酵尾液和酶解液的比例为5 ：1时，实验组的产氢延迟期最小，为2.54h，可能因为随着暗发酵尾液比例的增加，发酵液中的TN浓度增加使生长代谢旺盛并快速地进入对数期。混合底物发酵产氢高峰期主要集中在0 ～ 20h，产氢最高值出现的时间比对照组靠前，对照组的产氢高峰期集中在前48h，最高产氢速率为8.27mL/h，在发酵进行到23.42h获得（图4-20、表4-11）。

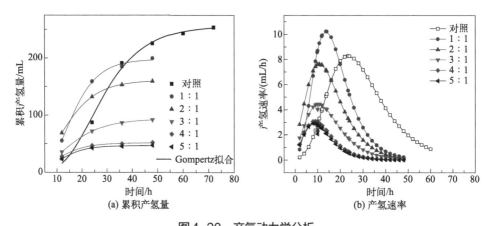

(a) 累积产氢量　(b) 产氢速率

图4-20　产氢动力学分析

表4-11　产氢动力学变量

| 类别 | $P_{max}$/mL | $r_m$/(mL/h) | $\lambda$/h | $R^2$ | $t_{max}$/h |
|---|---|---|---|---|---|
| 对照 | 256.69 | 8.27 | 12.00 | 0.9966 | 23.42 |
| 1 ：1 | 198.87 | 10.23 | 6.57 | 0.9990 | 13.72 |
| 2 ：1 | 159.50 | 7.63 | 3.10 | 0.9997 | 10.79 |
| 3 ：1 | 90.74 | 4.46 | 2.87 | 0.9989 | 10.36 |
| 4 ：1 | 50.75 | 3.09 | 2.65 | 0.9989 | 8.69 |
| 5 ：1 | 46.21 | 2.91 | 2.54 | 0.9990 | 8.38 |

## 4.2.6　光照强度的调控

（1）光照强度对累积产氢量的影响

光照为过渡态光合细菌的光合磷酸化提供光电子，同时光照强度也可以刺激固氮酶的活性，促进光合细菌的产氢代谢。在以暗发酵尾液和酶解液混合物为产氢基质时，发酵液呈现棕褐色，会影响光线在发酵液中的传输，所以优化过渡态的光照强度是提高底物利用率的必要条件。累积产氢量随着光照强度的增加，先增加后降低，当光照度从2000lx增大到3500lx时，累积产氢量逐渐增大，在3500lx时达到最大值，为162.55mL，继续增加光照强度，累积产氢量开始下降，因为较强的光照强度会使发酵系统产生大量的热，造成系统的光损伤，岳建芝也发现类似现象[6]，而在低光照状态下，由于光能电子不足，光合色素和ATP合成酶活性不高，产氢代谢较弱。在过渡态光照强度的阈值为3500lx，岳建芝报道的光照强度抑制开始点为5000lx[6]，这可能因为发酵底物不同。在光照强度过盛的情况下，会产生"光抑制"现象，对绿色植株来说光照过强时植物的气孔会闭合来减弱光合，而对于只有光合系统Ⅰ的细菌来说，氢气是在固氮酶的作用下生成的，其自身无法去减弱高光强的抑制作用，光强超过极限值后，光合系统Ⅰ过量激发，尽管会释放大量的高能电子，但有限的电子供体导致产氢量低，另外光照过强会产生大量的热辐射，造成发酵液温度升高影响胞内酶促反应。从产氢量来看，光照强度为3500lx比较适合光合细菌利用暗发酵尾液和酶解液混合物进行产氢，但是从3000lx增加到3500lx的产氢量增幅不是很明显，为2.5mL，从光能的转化来看3000lx的光能利用比较好。当光照强度为3000lx时，在发酵进行到12h获得最高氢气浓度，为62.66%±2.6%，其次为光照强度为2500lx，在发酵进行12h获得最高的产氢浓度，为55.43%±3.1%，而在其他实验组，最高氢气浓度均在发酵进行到24h获得（图4-21）。

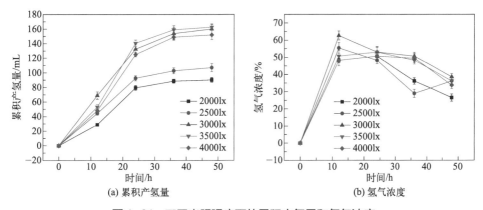

图4-21  不同光照强度下的累积产氢量和氢气浓度

通过对实验组进行单因素方差分析可以看出光照强度对过渡态累积产氢量有着显著的影响（$P<0.05$）（表4-12）。

表4-12　单因素方差分析

| 差异源 | SS | $d_f$ | MS | $F$ | $P$值 | $F$-crit |
|---|---|---|---|---|---|---|
| 组间 | 13203.67 | 4 | 3300.92 | 1186.82 | $2.46 \times 10^{-13}$ | 3.48 |
| 组内 | 27.81 | 10 | 2.78 | | | |
| 总计 | 13231.48 | 14 | | | | |

（2）光照强度对发酵液理化特性的影响

从不同反应条件下发酵液的pH变化趋势可以看出发酵液中的pH在发酵进行到12h，由初始的7降到5.65～5.87，在12h后，发酵液中的pH出现逐渐上升的趋势，因为发酵液中的小分子酸逐渐被光合细菌利用进行产氢代谢。不同实验组的pH变化差别不是很大，在光强为4000lx的实验组发酵液中的pH稍微高于其他实验组，在发酵结束后发酵液的pH维持在6.18～6.37。低ORP是厌氧发酵产氢高效运行的必要条件，光照强度对过渡态发酵液中的ORP影响不是很明显，说明在所选的光照范围光合细菌可以利用底物产生充足的还原力，但是光强的不同造成电子受体接受电子的能力不同，最终造成产氢量的差别，在发酵过程中发酵液的ORP维持在−479mV到−310mV，保证了光合细菌所需要的厌氧环境。光照是光合细菌进行生长代谢不可缺少的因子，在不同的光照强度下，在0～12h发酵液中的光合细菌快速生长，在光照强度为3500lx时，发酵进行到12h，产氢菌的浓度达到最大，$OD_{660}$为1.23±0.05，其次为光照强度为3000lx。而在光照强度为2000lx时，发酵进行24h，菌种达到最高浓度，可能因为在较低的光照强度下，光合细菌的生长速率较慢。随着发酵的进行光合细菌的浓度逐渐降低，因为发酵液中有机质逐渐降低，没有足够的能量供给光合细菌进行生长代谢，同时发酵液中的产氢抑制物的浓度逐渐增加，抑制了光合产氢菌的代谢活性（图4-22）。

（3）光照强度对电子转移的影响

在低光照下，发酵结束后的细胞干重比较少，因为在低光照强度下没有充足的光电子和光合色素合成量为光合细菌的生长代谢提供必要的构成物。而当光照强度超过3500lx时，发酵结束后细胞的干重开始降低，可能因为高强度的光照，热辐射现象比较显著，会对光合细菌造成热损伤，造成细菌的生长代谢衰弱。最高

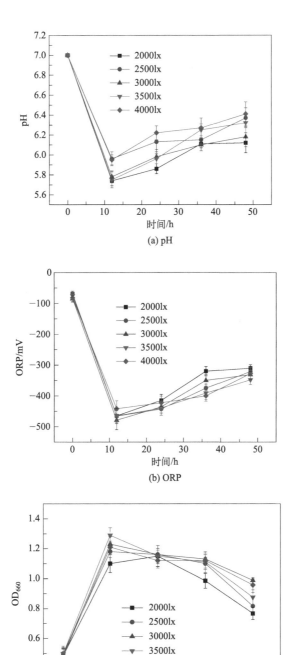

(a) pH

(b) ORP

(c) OD$_{660}$

图4-22　不同光照强度下发酵液的特性

的细胞干重在光照强度为3500lx下获得，为（0.084±0.003）g［图4-23（a）］。

从光照强度对底物电子的转移影响情况可以看出，随着光照强度的增加底物电子转移到氢气量的比例先增加后减少，在光照强度为2000lx时，底物转移到氢气的电子占有的比例最小，为13.8%，同时用于光合细菌生长的电子占有的比例也最小为21.33%，约有64.66%的能量残留在发酵液中，主要以细胞分泌物和未被利用的底物形式存在。在光照强度为3000lx和3500lx时，转移到氢气的电子比例分别为25.51%和24.90%。光照强度超过3500lx，光合细菌的生长代谢和产氢代谢受到光抑制，造成代谢活动不旺盛，转移到氢气的电子量减少［图4-23（b）］。

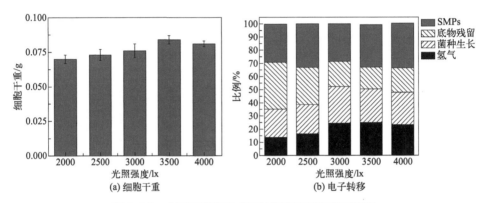

图4-23　在不同光照强度下的细胞干重和电子转移

（4）光照强度对产氢动力学的影响

采用修正的Gompertz模型和产氢速率动力学方程对不同光照情况下的产氢过程进行动力学分析。拟合得到的$R^2$>0.9996表明模型拟合比较好，拟合值和实验值没有显著性差别，在最大产氢潜力方面，3500lx条件下的累积产氢量最大为162.54mL，在发酵进行12.65h获得最高的产氢速率，为10.15mL/h。在光照强度为3000lx，光合菌能较快地进入产氢阶段，有着较短的产氢延迟期，为3.13h，在光照强度为2000lx时，光合细菌需要消耗较长的时间适应环境，产氢延迟期为7.25h。过高的光照强度也会延长产氢延迟期，可能因为光照强度增加，光照辐射出更多的热量，使发酵液的温度过高，造成光合细菌生长代谢缓慢。产氢高峰期主要集中在0～20h，光照强度为3500lx时获得最高产氢速率为10.15mL/h，其次为光照强度为4000lx，最高产氢速率8.23mL/h（图4-24、表4-13）。

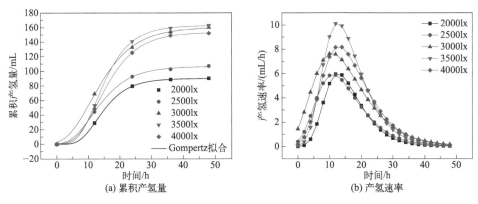

图4-24　产氢动力学分析

表4-13　产氢动力学变量

| 光强/lx | $P_{max}$/mL | $r_m$/(mL/h) | $\lambda$/h | $R^2$ | $t_{max}$/h |
|---|---|---|---|---|---|
| 2000 | 90.07 | 6.00 | 7.25 | 0.9999 | 12.76 |
| 2500 | 106.39 | 5.92 | 4.51 | 0.9997 | 11.12 |
| 3000 | 160.22 | 7.66 | 3.13 | 0.9996 | 10.83 |
| 3500 | 162.54 | 10.15 | 6.76 | 0.9999 | 12.65 |
| 4000 | 153.35 | 8.23 | 6.15 | 0.9999 | 13.00 |

## 4.2.7　接种量的调控

（1）接种调控对累积产氢量的影响

光合产氢菌是过渡态氢气的生产者，生产者的多少很大程度上取决于初始加入的接种量，但过多的接种量会导致大量的有机质被用于微生物的生长，低的接种量会造成底物降解不充分。如图4-25（a）所示，接种量对产氢有着显著的影响，在接种量从10%增加到20%时，实验组的产氢量随着接种量的增加而增加，当接种量超过20%时，产氢量出现下降的趋势，因为过量的接种量，造成发酵系统中产氢微生物含量较高，大量的有机质被消耗进行生长代谢，造成用于产氢的有机质含量降低。在接种量为20%时，获得最高的累积产氢量，达到（159.96±7）mL，其次接种量为25%时，累积产氢量为（126.42±3.5）mL，在接种量为10%时，获得累积产氢量最少，为

（96.11±2.5）mL。不同接种量下氢气的浓度变化如图4-25（b）所示，接种量为20%的实验组氢气浓度在发酵进行12h达到最大，为68.93%，在后期随着发酵的进行，氢气的浓度逐渐降低，因为在后期发酵液中的产氢抑制物浓度逐渐增加，抑制产氢菌的产氢代谢活动。

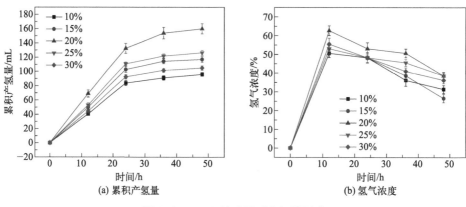

图4-25　不同接种量对产氢的影响

分析可以看出接种量对过渡态的累积产氢量有着显著的影响（$P<0.05$）（表4-14）。

表4-14　单因素方差分析

| 差异源 | SS | $d_f$ | MS | $F$ | $P$值 | $F$-crit |
|---|---|---|---|---|---|---|
| 组间 | 7196.89 | 4 | 1799.22 | 720.24 | $2.96\times10^{-12}$ | 3.48 |
| 组内 | 24.98 | 10 | 2.50 | | | |
| 总计 | 7221.87 | 14 | | | | |

（2）接种量对发酵液理化特性的影响

不同接种量下光合产氢菌的数目不同，光合细菌利用底物的速率出现差别，代谢产物的生成速率也存在着差别，以致产氢过程中发酵液表现出不同的特性。

在发酵进行到12h，发酵液的pH降到最低点，随着发酵的进行，发酵液的pH逐渐上升，因为发酵液中小分子酸逐渐被消耗。在发酵过程中，接种量为10%的实验组的pH一直处于较低的水平，因为少的接种量导致小分子酸得不到有效利用，而在接种量为30%的实验组，发酵液的pH相对较高，因为接种量较大，相应的产氢菌种数目增多，较多的小分子酸被利用，所以发酵液的pH保持着相对较高的水平。发酵结束后，发酵液的pH维持在6.12 ～ 6.41 [图4-26（a）]。

在不同的接种量下，在0 ～ 12h，发酵液中的ORP出现快速下降，因为在厌氧的条件下，光合细菌利用发酵液中的有机质进行代谢，产生大量的还原力，使发酵液的ORP快速下降。在12 ～ 24h的产氢高峰期，ORP均处于较低的数值，为−445 ～ −453mV，保证了产氢所需要的还原力，在接种量较少的实验组，发酵液中ORP相对较高，因为菌种量少，产生的还原力较少。在所有的实验组中，发酵液中的菌种浓度先增加后降低。在发酵进行到12h，发酵液中的$OD_{660}$达到最高值，其中在接种量为30%的实验组达到最高，$OD_{660}$为1.31 ± 0.05，其次为接种量为25%的实验组，$OD_{660}$为1.29 ± 0.05 [图4-26（b）、图4-26（c）]。

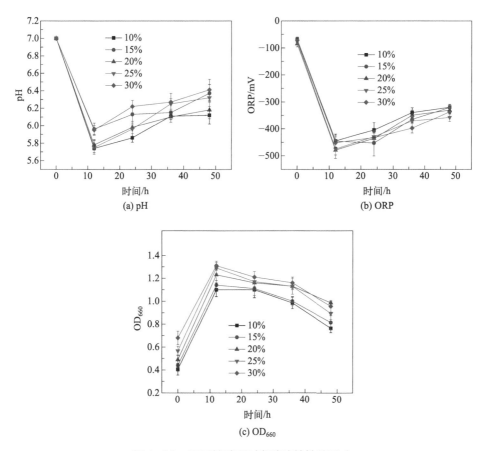

图4-26　不同接种量对发酵液特性的影响

（3）接种量对电子转移的影响

接种量的多少决定了初始进入发酵液中的菌种数量。如图4-27所示，发酵尾液中细胞干重与初始接入的菌种量呈正比关系，当接种量为30%时，发酵结束后细胞的干重为0.086g，因为初始的接种量越多，菌种之间的协同共生能力就越强，对外界的缓冲能力增强，能够更好地适应环境进行生长和产氢代谢，但是过量的接种量会导致细菌的生长代谢旺盛以至大量的底物能量流向菌种生长，最终导致产氢量的减少。电子转移到氢气的比例随着接种量的增加先增加后降低，当接种量从10%增加到20%时，转移到氢气的电子比例逐渐增加，当接种量超过20%时，转移到氢气的电子比例逐渐降低，在接种量为20%时，转移到氢气的电子比例最大，为24.51%，在接种量为30%时，转移到氢气的电子占有的比例最少，为16.94%。接种量过大，会使电子转移到SMPs的比例增大。底物残留占有电子的能量比随着接种量的增加而减少，菌种越多对底物利用越充分。

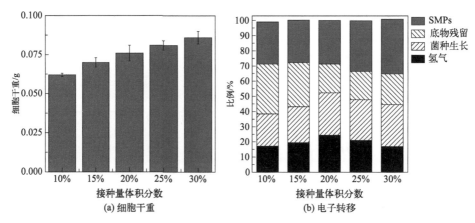

图4-27　不同接种量下的细胞干重和电子转移

（4）接种量对产氢动力学的影响

采用修正的Gompertz模型和产氢动力学方程对不同接种量下产氢过程进行动力学分析，拟合得到的$R^2>0.9991$表明模型拟合比较好，拟合值和实验值没有显著性差别。当接种量为20%时，有着较短的产氢延迟期，为3.13h，累积产氢量达到最大为160.22mL。产氢高峰期主要集中在0～20h，接种量为20%，获得最高产氢速率为7.66mL/h，其次为接种量为25%，最高产氢速率7.34mL/h（图4-28、表4-15）。

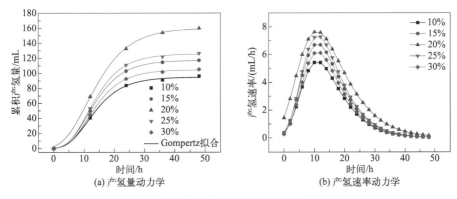

图4-28　产氢动力学分析

表4-15　产氢动力学变量

| 接种量/% | $P_{max}$/mL | $r_m$/(mL/h) | $\lambda$/h | $R^2$ | $t_{max}$/h |
|---|---|---|---|---|---|
| 10 | 94.88 | 5.49 | 4.61 | 0.9991 | 10.97 |
| 15 | 117.14 | 6.77 | 4.63 | 0.9999 | 10.99 |
| 20 | 160.22 | 7.66 | 3.13 | 0.9996 | 11.83 |
| 25 | 125.62 | 7.34 | 4.77 | 0.9997 | 11.07 |
| 30 | 104.56 | 6.18 | 4.81 | 0.9997 | 11.03 |

# 4.3　过渡态工艺调控的灰色预测模型

## 4.3.1　过渡态工艺调控的灰色关联度

灰色系统理论可以通过少量的数据或者"贫信息"及不确定数据序列来分析灰色系统的特征，通过对已知信息的生成和开发了解，实现对系统的运行行为和演化规律的推理[13]。

系统的因变量和自变量之间关联性大小称为关联度，表示系统运行中因素在变化方向、速度和大小等指标的相对性，若两者的关联度较大，则认为在系统的运行中两者的相对变化一致，反之亦然[14]。只有清楚系统中的灰色关联度，才可以对一个系统的变化趋势进行定量的描述，才能确定主导因素、潜在因素、优势因素和劣势因素。通过对灰色系统的关联度进行分析，可以为后期灰色系统的预测和决策奠定基础[14,15]。

把产氢发酵系统看成一个灰色系统，在发酵的过程中以氢气为目标产物，从上述的分析可以看出，氢气量的获得与铵根离子浓度、净化方式、培养基组分、稀释比、酶解液的添加量、光照强度及菌种量有关，而其中由于净化方式和培养基的组分无法用数据进行定量表示，所以在灰色关联系数的计算过程中不加以考虑。为了使稀释比和酶解液的添加量更好地以数据的形式表示，稀释比以暗发酵液占有的体积进行定量分析，如稀释比为1：1，则暗发酵液体积为50%，酶解液的添加量以碳氮比的形式来衡量。所以最终确定铵根离子浓度、暗发酵液尾液量、碳氮比、光照强度和菌种量为比较序列，产氢量为参考序列。

选取参考数列：

$$x_0 = \{x_0(k)|k=1,2,3,\cdots,n\} = (x_0(1), x_0(2), \cdots, x_0(n)) \qquad (4\text{-}1)$$

$k$表示元素个数，假设有$m$个数列，则：

比较数列为：$x_i = \{x_i(k)|k=1,2,3,\cdots,n\} = (x_i(1), x_i(2), \cdots, x_i(n)), i=1,2,\cdots,m$ （4-2）

则称：
$$\xi_i(k) = \frac{\min\limits_{i}\min\limits_{k}|x_0(k)-x_i(k)| + \rho \cdot \max\limits_{i}\max\limits_{k}|x_0(k)-x_i(k)|}{|x_0(k)-x_i(k)| + \rho \cdot \max\limits_{k}|x_0(k)-x_i(k)|} \qquad (4\text{-}3)$$

为参考数列$x_0$与比较数列$x_i$在第$k$个元素的关联系数。

式中，$|x_0(k)-x_i(k)|$称为第$k$个点$x_0$与$x_i$的绝对差；$\min\limits_{i}\min\limits_{k}|x_0(k)-x_i(k)|$和$\max\limits_{i}\max\limits_{k}|x_0(k)-x_i(k)|$为第二级最小差和第二级最大差；$\rho$为分辨系数，为在0到1的数值，通常取$\rho$为0.5。

对各个比较序列分别计算其指标与参考序列对应元素的关联系数的均值，以反映各评价对象与参考序列的关联关系，并称其为关联序，记为：

$$r_i = \frac{1}{m}\sum_{k=1}^{m}\xi_i(k) \qquad (4\text{-}4)$$

在对不同单位或初值不同的数列做关联度分析时，一般要进行归一化，使之为无量纲化。如：

参考数列为$y_0$及比较数列为$y_1$和$y_2$，

$$y_0 = \{y_0(1), y_0(2), y_0(3), \cdots, y_0(n)\} \qquad (4\text{-}5)$$

$$y_1 = \{y_1(1), y_1(2), y_1(3), \cdots, y_1(n)\} \qquad (4\text{-}6)$$

$$y_2 = \{y_2(1), y_2(2), y_2(3), \cdots, y_2(n)\} \qquad (4\text{-}7)$$

$$x_0 = \left\{ \frac{y_0(1)}{y_0(1)}, \frac{y_0(2)}{y_0(1)}, \frac{y_0(2)}{y_0(1)}, \cdots, \frac{y_0(n)}{y_0(1)} \right\} \qquad (4\text{-}8)$$

$$x_1 = \left\{ \frac{y_1(1)}{y_1(1)}, \frac{y_1(2)}{y_1(1)}, \frac{y_1(2)}{y_1(1)}, \cdots, \frac{y_1(n)}{y_1(1)} \right\} \qquad (4\text{-}9)$$

$$x_2 = \left\{ \frac{y_2(1)}{y_2(1)}, \frac{y_2(2)}{y_2(1)}, \frac{y_2(2)}{y_2(1)}, \cdots, \frac{y_2(n)}{y_2(1)} \right\} \qquad (4\text{-}10)$$

将上述得到的数据转换后输入到公式中计算，得到氢气量和铵根离子浓度、稀释比、碳氮比、光照强度和菌种量的关联序列为：$\{r_i\}=\{0.6052, 0.6294, 0.6524, 0.6454, 0.6457\}$，关联度顺序分别为碳氮比、接种量、光照强度、稀释比和铵根离子浓度，通过对贡献度的分析可以为后期优化提供参考。

在上述计算的基础上，对电子转移到氢的比例和铵根离子浓度、稀释比、碳氮比、光照强度和菌种量的关联性进行分析，关联序列为：$\{r_i\}=\{0.5399, 0.5669, 0.5865, 0.5790, 0.5791\}$，关联度的排序为碳氮比、接种量、光照强度、稀释比和铵根离子浓度。

## 4.3.2　过渡态工艺调控的灰色预测模型的建立

预测是通过现已有的数据或过去的数据建立一个可以预测未来数据发展的模型。灰色系统的GM是常用的预测模型，灰色预测模型是在灰色模块基础上建立起来的，而模块是经过一定方法转化后得到的数据序列，已知数据构成的模块，称为白色模块，而由白色模块推导出来的模块称为灰色模块，也称为预测值构成的模块[16,17]。采用灰色系统理论建模软件GTMS3.0对过渡态的灰色预测模型进行建立。

（1）灰色模型G(1,$N$)预测原理

GM(1,$N$)为一阶灰色模型，含有$N$个变量，$N-1$个自变量，1个因变量。在确定初始序列后，GM(1,$N$)可以分为四步来实现[13]：

第一步：数列级比检验

数列的级比为：

$$\lambda(t) = \frac{x^{(0)}(t-1)}{x^{(0)}(t)}, \ t = 2, 3, \cdots, n \tag{4-11}$$

若绝大部分的级比都落在可覆盖区域 $(e^{\frac{-2}{n+1}}, e^{\frac{2}{n+1}})$ 内，则可以建立 GM$(1, N)$ 模型进行灰色预测，否则需要对数据进行开 $n$ 次方、数据平滑或数据取对数处理。

第二步：序列的累加生成（1-AGO）

设 $y_i^{(0)}$ 为初始序列，$y_i^{(0)}$ 的 1-AGO 序列 $\{y_i^{(1)}\}$ 可以由下式得到：

$$y_i^{(1)} = \{y_i^{(0)}(1), y_i^{(0)}(2), \cdots, y_i^{(0)}(m)\} \tag{4-12}$$

$$y_i^{(0)}(t) = \sum_{j}^{t} y_i^{(0)}(j), \ t = 1, 2, \cdots, m \tag{4-13}$$

第三步：确定驱动参数

G$(1, N)$ 的白化方程如式（4-14）所示：

$$\frac{\mathrm{d}y_1^{(1)}}{\mathrm{d}t} + ay_1^{(1)}(k) = \sum_{i=2}^{n} b_i y_i^{(1)}(k) \tag{4-14}$$

灰色方程如式（4-15）所示：

$$y_1^{(0)}(k) + az_1^{(1)}(k) = \sum_{i=2}^{n} b_i y_i^{(1)}(k) \tag{4-15}$$

其中 $z_1^{(1)}(k)$ 可以定义为：

$$z_1^{(1)}(k) = \frac{y_1^{(1)}(k) + y_1^{(1)}(k-1)}{2} \tag{4-16}$$

式中，$a$ 为系统的开发参数；$b_i$ 为驱动参数。

驱动参数表示自变量对因变量的极性和影响程度，$b_i$ 大于零，表明对因变量有着积极的作用；$b_i$ 小于零，表明对因变量有着消极的作用。

根据最小二乘法得到的最小二乘估计参数数列为：

$$\hat{a} = (B^{\mathrm{T}}B)^{-1}By_n \tag{4-17}$$

式中，

$$\boldsymbol{B}=\begin{bmatrix} -z_1^1(2) & y_2^{(1)}(2) & \cdots & y_n^{(1)}(2) \\ -z_1^1(3) & y_2^{(1)}(3) & \cdots & y_n^{(1)}(3) \\ \vdots & \vdots & \cdots & \vdots \\ -z_1^1(m) & y_2^{(1)}(m) & \cdots & y_n^{(1)}(m) \end{bmatrix} \quad（4\text{-}18）$$

$$\boldsymbol{y}_n=\begin{bmatrix} y_1^{(0)}(2) \\ y_1^{(1)}(3) \\ \vdots \\ y_1^{(1)}(m) \end{bmatrix} \quad（4\text{-}19）$$

第四步：由灰色参数建立预测模型

预测模型如式（4-20）所示：

$$\hat{y}_1^{(1)}(k+1)=\left(y_1^{(0)}(1)-\sum_{i=2}^{n-1}\frac{b_iy_i^{(1)}(k+1)}{a}\right)e^{-at}+\sum_{i=2}^{n-1}\frac{b_iy_i^{(1)}(k+1)}{a} \quad（4\text{-}20）$$

式中，$y_1^{(1)}(0)=y_1^{(0)}(1)$

累减还原式为：　　　$\hat{y}_1^{(0)}(k+1)=\hat{y}_1^{(1)}(k+1)-\hat{y}_1^{(1)}(k)$ 　　（4-21）

（2）过渡态的G(1,6)模型建立

暗-光过渡态的产氢量受到铵根离子浓度、净化方式、培养基组分、稀释比、酶解液的添加量、光照强度及接种量等变量的影响，而其中净化方式和培养基的组分无法用数据进行定量表示，所以没有建立相应的序列，同时在暗发酵液中添加酶解液的过程也达到了对暗发酵尾液的稀释效果，导致和稀释比的序列混淆，酶解液添加的最终目的是提供高质量碳源来调节发酵液的碳氮比例，所以在上述运行的实验基础上，采用葡萄糖和蛋白胨对发酵液的碳氮比进行调节，以便序列的建立。以表4-16展示的实验数据为模型建立依据。

表4-16　不同状态下的产氢量

| 铵根离子浓度/（mmol/L） | 稀释比 | 碳氮比 | 光照强度/lx | 菌种量/% | 产氢量/mL |
|---|---|---|---|---|---|
| 1.16 | 0 | 7 | 2500 | 10 | 102 |
| 1.16 | 0.5 | 5 | 3000 | 20 | 141 |
| 1.16 | 1 | 4 | 3500 | 30 | 91 |

| 铵根离子浓度/（mmol/L） | 稀释比 | 碳氮比 | 光照强度/lx | 菌种量/% | 产氢量/mL |
|---|---|---|---|---|---|
| 2.12 | 0 | 5 | 3000 | 20 | 114 |
| 2.12 | 0.5 | 7 | 2000 | 10 | 116 |
| 2.12 | 1 | 4 | 3500 | 30 | 78 |
| 4.22 | 0 | 7 | 3000 | 20 | 109 |
| 4.22 | 0.5 | 4 | 2000 | 10 | 89 |
| 4.22 | 1 | 5 | 3500 | 30 | 96 |

将表中的数据进行模型预测，经过计算后求得参数序列为：

$$\hat{a} = [a, b_1, b_2, b_3, b_4, b_5]^T = [1.5418, -4.6948, 2.0301, 7.3452, 0.1109, -9.4349]^T$$

$a$表示过渡态发酵系统的开发参数；$b_i$表示过渡态厌氧发酵系统的驱动参数，$b_1$、$b_2$、$b_3$、$b_4$和$b_5$分别代表着铵根离子浓度、稀释比、碳氮比、光照强度和菌种量对产氢量的影响极性和程度。通过驱动系数可以看出产氢量与稀释比、碳氮比和光照强度因素呈正相关关系，而与铵根离子浓度和菌种量呈负向相关关系。

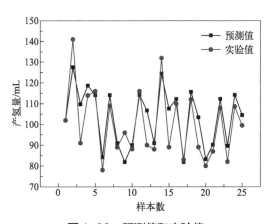

图4-29　预测值和实验值

数据预测模拟的结果的平均相对误差为7.87%，最大相对误差为15.87%，从图4-29可以看出预测值和实验值数据拟合性较好，表明应用GM(1,6)模型可以有效地预测暗-光联合生物制氢过渡态的产氢量。其中1代表一个因变量（产氢量），6代表一个因变量和5个自变量。

# 参考文献

[1] Zgr E, Afsar N, de Vrije T, et al. Potential use of thermophilic dark fermentation effluents in photofermentative hydrogen production by *Rhodobacter capsulatus*[J]. J Clean Prod, 2010, 18:S23-28.

[2] Wang S, Peng Y. Natural zeolites as effective adsorbents in water and wastewater treatment[J]. Chem Eng J, 2010, 156:11-24.

[3] Yilmaz L S, Kontur W S, Sanders A P, et al. Electron partitioning during light- and nutrient-powered hydrogen production by *Rhodobacter sphaeroides*[J]. Bioenergy Res, 2010, 3:55-66.

[4] Kim D H, Kim M S. Semi-continuous photo-fermentative $H_2$ production by *Rhodobacter sphaeroides*: Effect of decanting volume ratio[J]. Bioresour Technol, 2012, 103:481-483.

[5] 刘会亮. 磷酸盐和碳酸盐对光合细菌同步糖化发酵产氢的影响 [D]. 郑州：河南农业大学，2018.

[6] 岳建芝. 超微化秸秆粉体物性微观结构及光合生物产氢实验研究 [D]. 郑州：河南农业大学，2011.

[7] 蒋丹萍，韩滨旭，王毅，等. HAU-M1 光合产氢细菌的生理特征和产氢特性分析 [J]. 太阳能学报，2015, 36:290-294.

[8] 丁杰. 金属离子和半胱氨酸对产氢能力的影响及调控对策研究 [D]. 哈尔滨：哈尔滨工业大学，2005.

[9] Li Y, Zhang Z, Jing Y, et al. Statistical optimization of simultaneous saccharification fermentative hydrogen production from *Platanus orientalis* leaves by photosynthetic bacteria HAU-M1[J]. Int J Hydrogen Energy, 2016, 11:182.

[10] Azbar N, Cetinkaya Dokgoz F T. The effect of dilution and I-malic acid addition on bio-hydrogen production with *Rhodopseudomonas palustris* from effluent of an acidogenic anaerobic reacto[J]. Int J Hydrogen Energy, 2010, 35:5028-5033.

[11] Seifert K, Zagrodnik R, Stodolny M, et al. Biohydrogen production from chewing gum manufacturing residue in a two-step process of dark fermentation and photofermentation[J]. Renew Energy, 2018, 122:526-532.

[12] Silva F T M, Moreira L R, de Souza Ferreira J, et al. Replacement of sugars to hydrogen production by *Rhodobacter capsulatus* using dark fermentation effluent as substrate[J]. Bioresour Technol, 2016, 200:72-80.

[13] Ren J. GM(1,*N*) method for the prediction of anaerobic digestion system and sensitivity analysis of influential factors[J]. Bioresour Technol, 2018, 247:1258-1261.

[14] 吴家鑫，张国栋，齐鹏，等. 黄霉素发酵过程的灰色关联度分析及其灰色预测模型 [J]. 化工进展，2013, 32:1382-1385.

[15] 王有文. 基于 GM（1,1）阳泉旅游人数预测的数学模型 [J]. 山西师范大学学报（自然科学版），2014, 28:15-17.

[16] 高松，陈鸿伟，王鸿雁. 灰色预测模型在煤焦气化过程中的应用及动力学分析 [J]. 电力科学与工程，2011, 27:57-60.

[17] 安永林，彭立敏，杨高尚. 灰色预测理论在隧道火灾后衬砌损伤中的应用 [J]. 西部探矿工程，2006, 18(4):163-165.

# 第 5 章

# 暗-光联合生物制氢过渡态强化过程研究

## 5.1　暗-光联合生物制氢过程强化与产氢相关关系

　　暗-光联合生物制氢过渡态菌种的絮凝性差和光合菌的固氮酶活性低限制了过渡态底物的利用。较低的絮凝性导致细菌对外界环境的缓冲能力较弱，造成大量的底物能量被消耗补充衰亡的菌种，低的固氮酶活性导致光合细菌的产氢代谢不旺盛。为了使菌种聚集，一些学者采用细胞固定技术，如生物膜技术、物理吸附和化学吸附[1]，但是这些技术阻碍了光线的传输。在自然状态下，细菌可以通过自身分泌胞外聚合物（extracellular polymeric substance，EPS），它可以使微生物在静电作用和疏水作用下形成聚集体，使微生物团聚在一起，形成微生物群体[2,3]，增强微生物的絮凝进而提高微生物对外界环境的抵抗能力，但是在复杂的环境下EPS分泌不充分，导致大量的菌种处于游离状态[4]，而游离态的菌种容易衰亡。L-半胱氨酸是一种天然并含有一个巯基（—HS）的氨基酸，它可以促进含有二硫键的蛋白的生成，而含有二硫键的蛋白是EPS的重要组成部分[5]。L-半胱氨酸也可以促进产氢菌的生长，降低发酵液中的ORP[6]，为产氢系统的初始阶段提供一个低的ORP环境。Fe是一种常见的元素，是铁氧化还原蛋白的重要组成部分，铁氧化还原蛋白在固氮系统中起着电子载体的作用[7-9]，因此，Fe在光合产氢中起着促进剂的作用。金属盐可以提供微量元素，但是引入过多的阴离子会抑制微生物的活性[10]，与金属盐相比，金属氧化物添加可以在不引入阴离子（如$SO_4^{2-}$、$NO_3^-$、$Cl^-$）等情况下来提

115

供金属元素。目前金属氧化物添加逐渐关注化合物的尺寸，纳米材料是介于微观与宏观之间的一种特殊材料，它的尺寸处于 $1\sim100nm$ 范围内，有着较大的比表面积和反应接触点，使其有着良好的物理性质，同时纳米级的金属氧化物能与微生物更好地接触。$Fe_3O_4$ 纳米颗粒具有反尖晶石结构，$Fe^{2+}$ 和 $Fe^{3+}$ 在其中交替排列，具有超顺磁性和生物相容性，可以加速电子的转移[8]。

发酵模式是影响厌氧发酵性能的一个重要因素。目前常用的厌氧发酵模式主要分为：批次发酵、连续发酵和半连续发酵。批次发酵是发酵液在指定的反应器中进行发酵，直到没有气体产出时或到制定的发酵周期时结束发酵，此过程菌种只能消耗初始加入的营养物质，发酵液中的营养物质逐渐递减，发酵结束后，把发酵后的液体取出更换新的发酵，开启另一个发酵阶段，如此往复循环，整个过程操作简单，运行方便；连续发酵模式是在反应器上开有进料口和出料口，菌种和发酵底物以一定的比例和速度从进料口进入反应器中，同时在出口处，液体以相同的速度被排出，整个过程不断地补充新鲜的菌种和营养物质，保证了发酵连续产生，但是连续模式容易导致菌体流失，最终导致底物的利用率低；半连续发酵是发酵系统运行到一段时间后，用新鲜的料液置换部分发酵后的料液，重复此操作，在整个反应的过程中，发酵体积不发生变化，此方法工时少，产氢周期长，新鲜的料液的加入能实现对发酵液中代谢抑制物的稀释，进而提高系统的效率。

## 5.2 产氢微生物生长和絮凝能力的强化

不同浓度的L-半胱氨酸对光合细菌HAU-M1的絮凝性和生长特性产生显著的影响，在L-半胱氨酸的浓度从0mg/L增加到300mg/L，光合细菌的浓度随着L-半胱氨酸的浓度增加而增加，在L-半胱氨酸的浓度达到300mg/L时，细菌的生长情况最好，菌种量达到（$1.25\pm0.03$）g/L，表明L-半胱氨酸可以促进产氢微生物的生长。Xie 等[11]也报道了L-半胱氨酸可以促进光合产氢微生物的生长，*Rhodopseudomonas faecalis* RLD-53 的最佳适宜浓度为1000mg/L，过量的L-半胱氨酸会抑制微生物的生长[12]。在L-半胱氨酸的浓度超过300mg/L时，培养液中的光合细菌HAU-M1的生物量开始下降。光合细菌的絮凝性随着L-半胱氨酸的浓度增加先增加后降低，在不添加L-半胱氨酸时，细菌在自身分泌的EPS作用下互相吸附凝聚在一起，但是自身分泌的EPS的含量有限，所以在不添加L-半胱氨酸时光合细菌的絮凝性为18.12%±2.13%。L-半胱氨酸的添加促进了细胞EPS的分泌，在L-半胱氨酸为100mg/L时，产氢微生物的絮凝性为32.45%±2.47%，明显高于未添加L-半胱氨酸的，当L-半胱氨酸的浓度增加到500mg/L时，光合细菌的絮凝性达到最大，为52.12%±2.69%。但光合细菌最大生物量在300mg/L时获得，其絮凝性为47.26%±3.18%，而Xie等[11]研究的结果表明在同等浓度下的L-半胱氨酸获得最佳的絮凝性和最佳生物量，产生差别的原因可能为产氢菌种的不同。当L-半胱氨酸的浓度超过500mg/L时，产氢微生物的絮凝性开始降低，因为高浓度的L-半胱氨酸造成了菌种的大量死亡，同时过量的巯基（L-半胱氨酸的组成部分）也会与EPS中含有二硫键的蛋白反应，破坏菌种的絮凝（图5-1）。

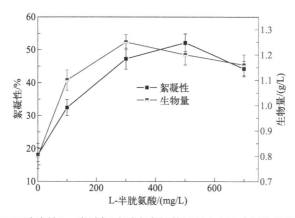

图5-1　不同浓度的L-半胱氨酸对光合细菌HAU-M1生长和絮凝性的影响

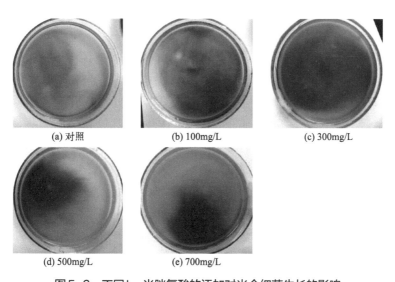

(a) 对照　　　　　(b) 100mg/L　　　　　(c) 300mg/L

(d) 500mg/L　　　　　(e) 700mg/L

图5-2　不同L-半胱氨酸的添加对光合细菌生长的影响

由不同添加量的L-半胱氨酸下培养48h后光合细菌生物絮凝的结果可以看出，没有添加L-半胱氨酸培养48h的光合产氢菌呈颗粒状游离态分布［图5-2（a）］，部分菌种聚集在一起，当添加L-半胱氨酸后光合产氢菌的絮凝效果较好，添加300mg/L的L-半胱氨酸的效果最好，继续增加L-半胱氨酸的浓度菌种出现了严重的聚团现象，导致产氢菌种沉降，以致菌种不能和有机质充分混合，阻碍物质的传输，同时菌种的聚团会使内部光合细菌不能接受到充足的光能，造成产氢菌的产氢代谢能力不足，最终导致产氢量的下降。过量的L-半胱氨酸会导致光合菌提前进入衰亡期，在图5-2（e）中，可以看出在L-半胱氨酸添加量为700mg/L时，菌种颜色变成黑红色，菌种出现了大量的死亡。而在L-半胱氨酸添加量为300mg/L时，培养基中的光合细菌呈现出鲜红色，同时产氢菌种漂浮在培养基中，此状态下的光合细菌能与底物充分接触，同时也不会阻碍光纤的传输（图5-2）。

## 5.3 添加剂对暗-光联合产氢过渡态过程强化

### 5.3.1 添加剂对暗-光联合产氢过渡态产氢量的影响

（1）L-半胱氨酸的添加对产氢量的影响

L-半胱氨酸的添加增强了菌种的凝聚，进而提高了菌种对外界的缓冲能力，随着L-半胱氨酸的增加，累积产氢量先增加后降低。在L-半胱氨酸浓度范围为0～300mg/L时，累积产氢量逐渐增加，在L-半胱氨酸的浓度为300mg/L时，获得最高的累积产氢量，为（195.45±8.6）mL，继续增加L-半胱氨酸浓度，累积产氢量出现下降的趋势。在L-半胱氨酸的浓度为500mg/L和700mg/L时，累积产氢量下降到（186.92±7.8）mL和（174.35±6.4）mL，虽然随着L-半胱氨酸的浓度增加，产氢量出现下降的趋势，但在所选的浓度范围内，添加L-半胱氨酸的实验组的产氢量高于未添加的对照组，因为L-半胱氨酸的添加增强了产氢微生物对外界的缓冲能力，同时L-半胱氨酸可以作为一种还原剂降低厌氧发酵液的ORP，低ORP利于光合细菌生长和产氢代谢[11]［图5-3（a）］。L-半胱氨酸携带的疏基（—HS）对固氮酶的合成有着重要的作用，Fe-S蛋白的合成也需要L-半胱氨酸的疏基提供支架，固氮酶活性变化的趋势与产氢量的变化趋势相同，随着L-半胱氨酸的增加先增加后减少，在L-半胱氨酸浓度为300mg/L时，达到

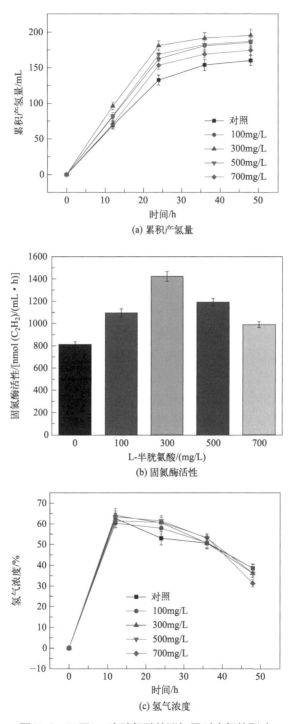

(a) 累积产氢量

(b) 固氮酶活性

(c) 氢气浓度

图5-3　不同L-半胱氨酸的添加量对产氢的影响

最高的活性，为（1423±44）nmol $(C_2H_2)/(mL \cdot h)$ ［图5-3（b）］。

随着发酵的进行，氢气浓度先增加后降低，在发酵进行到12h时，氢气浓度达到最大，可能在此阶段光合菌处于对数期和稳定期，随着发酵的进行光合细菌逐渐进入衰亡期，所以在后期氢气浓度逐渐降低，最高的氢气浓度出现在L-半胱氨酸的添加量为300mg/L时，发酵运行12h，氢气浓度达到64.11%±3.2%［图5-3（c）］。

（2）$Fe_3O_4$ NPs的添加对产氢量的影响

$Fe_3O_4$ NPs的浓度从0mg/L增加到100mg/L时，实验组的累积产氢量从159.98mL增加到190.81mL，当$Fe_3O_4$ NPs的添加量超过100mg/L时，累积产氢量出现下降，在$Fe_3O_4$ NPs浓度为150mg/L时的累积产氢量为180.68mL，而当$Fe_3O_4$ NPs浓度增加到200mg/L时，累积产氢量仅为173.81mL，表明适当浓度的$Fe_3O_4$ NPs可以促进过渡态的产氢量，但过量的$Fe_3O_4$ NPs会抑制产氢的进行，因为过量的$Fe_3O_4$ NPs对细菌产生毒性，进而破坏微生物的细胞。与对照组相比，加入$Fe_3O_4$ NPs的实验组有着较高的产氢速率，因为$Fe_3O_4$ NPs有着较好的导电性能，能加速产氢微生物和有机质之间的电子传递速率，同时$Fe_3O_4$ NPs的添加促进了铁氧还原蛋白的合成，有利于细胞内部的电子传递，另外$Fe_3O_4$ NPs能够吸附发酵液中残留的产氢抑制物，提高产氢微生物的代谢活性[10]［图5-4（a）］。

固氮酶的活性变化趋势和产氢量的变化趋势相似，随着$Fe_3O_4$ NPs的浓度先增加后降低，在$Fe_3O_4$ NPs的浓度为100mg/L时，固氮酶的活性为(1322±32)nmol $(C_2H_2)/(mL \cdot h)$，对应的累积产氢量也达到最大值［图5-4（b）］。

发酵过程中氢气浓度在0～12h逐渐上升，后期氢气浓度开始下降，添加$Fe_3O_4$ NPs的实验组中的氢气浓度相对较高。从氢气产量和氢气浓度来看，最佳的$Fe_3O_4$ NPs添加浓度为100mg/L，这个浓度低于Zhao等[13]报道的400mg/L $Fe_3O_4$ NPs，在以 Clostridium butyricum 菌进行产氢时，400mg/L $Fe_3O_4$ NPs的添加下，产氢效果较好，产氢量提高了26%，而在其他报道中最佳的$Fe_3O_4$ NPs浓度为200mg/L[14]。最佳$Fe_3O_4$ NPs浓度由于发酵菌种、发酵模式以及发酵底物不同而不同［图5-4（c）］。

（3）L-半胱氨酸和$Fe_3O_4$ NPs的共同作用对产氢量的影响

L-半胱氨酸的残基和Fe是Fe-S蛋白的重要组成部分以及固氮过程中电子供体。然而同时加入L-半胱氨酸和$Fe_3O_4$ NPs最高累积产氢量只有（169.87±4.3）mL，低于单独加入L-半胱氨酸和$Fe_3O_4$ NPs的累积产氢量［图5-5（a）］，这可能因为

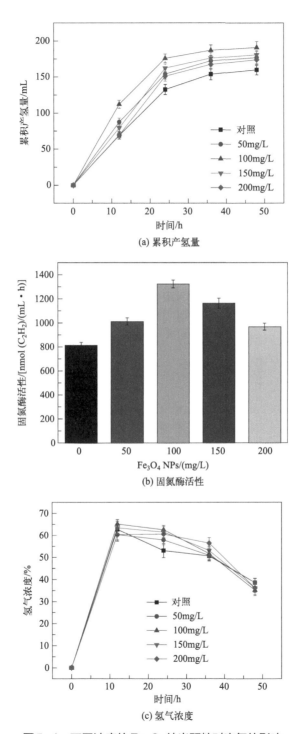

(a) 累积产氢量

(b) 固氮酶活性

(c) 氢气浓度

图5-4 不同浓度的Fe₃O₄纳米颗粒对产氢的影响

L-半胱氨酸和金属离子发生螯合反应，削弱了$Fe_3O_4$作为电子传输媒介的能力，同时在$Fe_3O_4$中存在着$Fe^{2+}$和$Fe^{3+}$离子，而L-半胱氨酸可以把$Fe^{3+}$进行非生物还原，把$Fe^{3+}$还原成$Fe^{2+}$，而且L-半胱氨酸本身生成胱氨酸，这个过程对光合细菌的絮凝性产生了消极影响，削弱了光合微生物对外界环境的缓冲能力[15]。Bao等[7]也发现相似的现象，金属离子和L-半胱氨酸共同作用对产氢的提升不是很显著，两者结合的产氢量低于单独加入L-半胱氨酸和$Fe^{3+}$的产氢量。为了减弱两种试剂同时添加产生的螯合反应对光合细菌产氢代谢的消极影响，首先加入300mg/L L-半胱氨酸，然后间隔不同的时间添加100mg/L $Fe_3O_4$ NPs。从图5-5（a）可以看出随着$Fe_3O_4$ NPs加入时间间隔增加，累积产氢量先增加后降低，在时间间隔12h获得最高的产氢量为（234.55±7.5）mL，同时菌种的固氮酶的活性也达到最大，为（1725±60）nmol $(C_2H_2)/(mL \cdot h)$ [图5-5（d）]。图5-5（c）显示不同时间间隔下EPS浓度以及成分组成，EPS的含量随着间隔时间的增加逐渐增大，在间隔时间为20h时，EPS达到（62.23±2.23）mg/g细

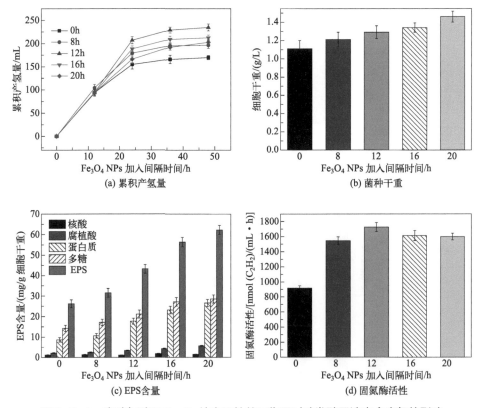

图5-5　L-半胱氨酸和$Fe_3O_4$纳米颗粒共同作用对暗发酵尾液光合产氢的影响

胞干重，但是在此条件下获得的产氢量较少，因为底物被细菌代谢主要有三个去向：光合细菌合成物、代谢产品氢气和EPS，EPS的浓度较高表明大量的底物被用来生成EPS，相应转化成氢气的底物量就会降低，而在此条件下发酵液中的菌种浓度也达到最大值，为（1.46 ± 0.06）mg/L［图5-5（b）］，说明间隔时间为20h有利于菌种的生长，但是不利于底物转化成氢气。EPS主要由多糖、蛋白质、腐植酸和核酸组成，其中蛋白质和多糖占主要的比例，组成蛋白质的氨基酸含有大量的负电荷，这样使蛋白质与带正价的阳离子更容易结合，更容易形成稳定的絮凝结构[11]，所以在絮凝效果较好的实验组蛋白质的含量相对较高。

当L-半胱氨酸和$Fe_3O_4$ NPs粒同时加入时，固氮酶的活性最低，为（912 ± 32）nmol $(C_2H_2)$/(mL · h)，因为L-半胱氨酸和$Fe_3O_4$ NPs同时加入后会发生螯合，影响菌种体内Fe-S蛋白质的合成。过长的时间间隔对固氮酶的活性提高并不明显，因为代谢抑制物会对固氮酶的活性产生消极的影响，所以在时间间隔超过12h后，固氮酶的活性开始降低，在L-半胱氨酸和$Fe_3O_4$ NPs时间间隔为12h时固氮酶活性的最高，为（1725 ± 60）nmol $(C_2H_2)$/(mL · h)，同时氢气的量也达到最高值［图5-5（d）］。

从微量试剂添加和添加间隔时间对产氢量的增加幅度和固氮酶活性的增加幅度的影响可以看出，产氢量的增加幅度和固氮酶活性的增加幅度，两者呈现正相关关系。在单独加入L-半胱氨酸时，浓度为300mg/L时，氢气量增加幅度最大，相对于对照组，增加了122.17%，固氮酶活性增加了175.25%，产氢量和固氮酶的活性分别为195.45mL和1423nmol $(C_2H_2)$/(mL · h)，L-半胱氨酸的添加为蛋白质合成提供了巯基（—HS），为固氮酶的合成提供了基础物质，同时L-半胱氨酸可以作为一种还原剂，营造还原性环境，提高产氢菌的代谢活性，促进了氢气的生成。在单独加入$Fe_3O_4$ NPs时，在浓度为100mg/L时，产氢量达到最高，为190.81mL，增加了119.27%，对应的固氮酶活性也达到最大，为1322nmol$(C_2H_2)$/(mL · h)，$Fe_3O_4$ NPs的添加为固氮酶中铁硫蛋白合成提供了所需的铁元素，铁硫蛋白是固氮过程中电子的载体，铁硫蛋白大量合成，增强了电子的转移速率，提高了氢气的生成速率。当L-半胱氨酸和$Fe_3O_4$ NPs同时加入时，由于二者可以发生螯合反应，对产氢菌的絮凝有着消极的作用，通过改变添加时间间隔可以有效地避免螯合反应产生的消极作用，进而提高产氢菌固氮酶的活性，在间隔时间为12h时，产氢量提升效果明显，产氢量增加了146.61%，对应的固氮酶活性增加了212.44%（表5-1）。

以固氮酶活性增幅为横坐标，产氢量增幅为纵坐标进行了非线性拟合，可以得到产氢量的增幅和固氮酶活性增幅之间的关系，两者的增幅基本呈现指数关系，得到的拟合方程的决定系数为0.9199，表明得到的拟合方程拟合性较好，可以对产氢量的增幅和固氮酶活性的增幅之间的关系进行分析（图5-6）。

表5-1　不同发酵状态下产氢量

| 类别 | 数值 | 产氢量/mL | 氢气量增加幅度/% | 固氮酶活性/ [ nmol (C$_2$H$_2$)/ (mL·h) ] | 固氮酶活性提升/% |
|---|---|---|---|---|---|
| L-半胱氨酸/(mg/L) | 0 | 159.98 | — | 812 | — |
| | 100 | 185.25 | 115.80 | 1097 | 135.10 |
| | 300 | 195.45 | 122.17 | 1423 | 175.25 |
| | 500 | 186.92 | 116.84 | 1192 | 146.80 |
| | 700 | 174.64 | 109.16 | 989 | 121.80 |
| Fe$_3$O$_4$ NPs/(mg/L) | 0 | 159.98 | — | 812 | — |
| | 50 | 176.91 | 110.58 | 1011 | 124.51 |
| | 100 | 190.81 | 119.27 | 1322 | 162.81 |
| | 150 | 180.68 | 112.94 | 1162 | 143.10 |
| | 200 | 173.81 | 108.64 | 966 | 118.97 |
| 间隔时间/h | 0 | 169.87 | 106.18 | 916 | 112.81 |
| | 8 | 196.28 | 122.69 | 1544 | 190.15 |
| | 12 | 234.55 | 146.61 | 1725 | 212.44 |
| | 16 | 212.36 | 132.74 | 1612 | 198.52 |
| | 20 | 202.56 | 126.62 | 1598 | 196.80 |

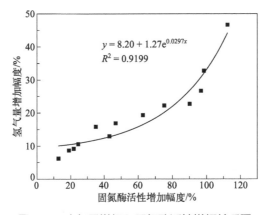

图5-6　产氢量增幅和固氮酶活性增幅关系图

## 5.3.2　添加剂对暗-光联合产氢过渡态发酵液的理化特性的影响

　　L-半胱氨酸是一种常用的还原剂，可以创造微生物喜好的低ORP环境。在相同的发酵时间，高浓度L-半胱氨酸的添加降低了发酵液的ORP数值。发酵进行到12h，发酵液的ORP数值降到最低，在L-半胱氨酸的浓度为700mg/L时，ORP数值最低，为（−565±23）mV，其次为L-半胱氨酸的浓度为500mg/L的实验组为（−560±27）mV，对照组的ORP保持着较高的数值。随着发酵的进行，发酵液中的有机质逐渐被消耗，产生还原力的能力降低，后期发酵液中的ORP数值逐渐上升。在整个发酵过程中发酵液中的ORP能满足微生物代谢的需求。在0～12h，发酵过程中发酵液的pH从初始的7.0降到5.7左右，可能因为发酵前期形成了乳酸[16]。在发酵过程中，随着小分子酸的消耗，发酵液的pH逐渐上升。添加L-半胱氨酸的实验组的pH高于对照组，因为添加L-半胱氨酸后发酵液中的有机质被利用更加充分，残留的小分子酸浓度较少，最终发酵液pH维持在6.18～6.48（图5-7）。

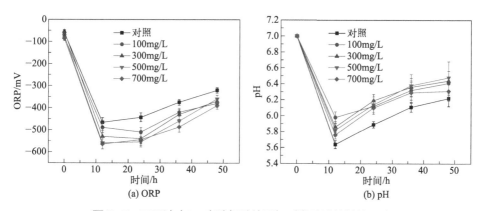

　　　　　　(a) ORP　　　　　　　　　　　　　　(b) pH

图5-7　不同浓度L-半胱氨酸的添加对发酵液特性的影响

　　添加$Fe_3O_4$ NPs可以降低发酵液中的ORP，为微生物的发酵创造良好的还原性环境，ORP在发酵进行到12h达到最低值。在发酵后期发酵液中的有机质逐渐被消耗以及代谢产物的逐渐累积造成微生物产生还原力的能力降低，后期发酵液中的ORP数值逐渐上升。对照组的ORP变化范围为−479mV到−331mV，添加$Fe_3O_4$ NPs后，发酵液中的ORP变化范围在−510mV到−320mV。从0h到12h，发酵液中的pH从初始的7.0降到5.7左右，随着发酵的进行发酵液中有机酸逐渐被消耗，pH逐渐上升。由于后期菌种逐渐进入衰亡期以及发酵液中代谢抑制物的增加，发酵液中会残留一些小分子酸未被光合细菌利用，最后发酵液中的pH维持在6.18～6.54，100mg/L Fe$_3$O$_4$ NPs实验组的pH相对较高，因为有着较高的底物利用率（图5-8）。

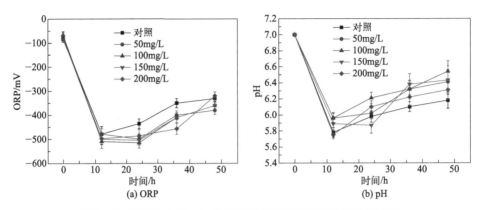

图5-8  不同浓度Fe$_3$O$_4$纳米颗粒的添加对发酵液特性的影响

由300mg/L的L-半胱氨酸和100mg/L的Fe$_3$O$_4$纳米颗粒添加时间间隔对发酵液的理化特性的影响结果可以看出，当两者同时加入时，发酵液中的ORP高于其他实验组，因为两者的螯合反应降低了试剂的还原性。在发酵的高峰期阶段0～24h，时间间隔为12h时，发酵液中的ORP低于其他实验组，较好的还原特性为产氢代谢提供了较好的发酵环境，所以在此状态下，获得较高的产氢量［图5-9（a）］。间隔时间对发酵液中的pH变化影响如图5-9（b）所示，可以看出，当两者同时加入时，在整个发酵过程中发酵液的pH处于较低的数值，可能因为螯合反应抑制了小分子酸的利用。随着发酵的进行，发酵液中的残留的小分子酸逐渐被消耗，发酵液的pH逐渐上升。

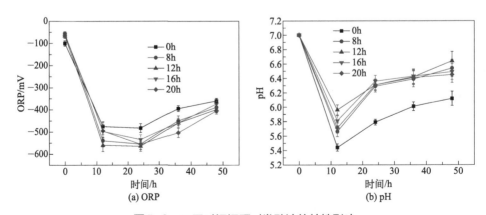

图5-9  不同时间间隔对发酵液的特性影响

## 5.4　发酵模式的调控对暗 - 光联合产氢过渡态过程强化

### 5.4.1　发酵模式的调控对产氢量的影响

（1）半连续产氢发酵模式

半连续产氢发酵是在间隔一段时间用新鲜的料液置换出部分发酵后的料液来补充发酵所需的碳源和微量元素，置换体积决定了新鲜有机质的添加量。在发酵温度为30℃，光照强度为3000lx下，在置换体积为20%和30%时，第一次置换后，发酵系统的产氢速率出现下降的趋势，在置换3次后产氢速率趋于稳定，在置换体积为20%时，产氢速率最低，为2.10mL/h，因为置换体积小，补充的新鲜的营养物质量少，大量的有机物被用于细菌的生长代谢，导致产氢代谢能量不足，影响氢气的生成。随着置换体积的增加，产氢速率先增大后降低，在置换体积为30%时，平均产氢速率增加到4.29mL/h，当置换体积为50%时，平均产氢速率到达到最大值，为8.44mL/h，置换体积超过50%时产氢速率开始出现下降，在置换体积为60%和70%时，产氢速率分别为7.43mL/h和6.48mL/h［图5-10（a）］。低的置换体积下营养物质供应不充足，阻碍了产氢代谢的进行，造成产氢速率低，而高的置换体积会把大量的产氢功能菌置换出去，造成产氢速率下降。在产氢发酵过程中，碳源经过微生物碳代谢产生产氢代谢所需的能量，在不同的置换体积下，随着置换体积的增加，消耗单位质量的有机碳产生的氢气量先增加后降低，在置换体积为50%时有机碳的转化达到最大，产氢量为（1386.22 ± 44.23）mL/g TOC，在置换体积为20%时，有机碳的转化最小，产氢量为（623.21 ± 23.52）mL/g TOC，而当置换体积继续增加到70%时，产氢量只有（1216.22 ± 28.96）mL/g TOC，因为低的置换体积会导致大量的有机物被菌种生长消耗，而过大的置换体积会导致大量的产氢功能菌被移出反应装置［图5-10（b）］。

由不同置换体积下反应器内的生物增长量的变化过程可以看出随着置换体积的增加，细胞的增长量先降低后增长，在置换体积为20%时，细胞的增长量达到最大为0.098g，因为在置换体积较低时，底物主要被菌种的生长代谢利用。在置换体积为50%时，细胞的增长量最少，为0.061g，可能因为菌种只要进行少量的增长就可以满足此状态下对菌种量的需求，而当置换体积高于50%时，细胞的增长量逐渐增加，当置换体积增加到70%时，细胞的增长量为0.086g，因为随着置换体积的增大，被移出的产氢菌逐渐增多，为了维持产氢的进行，大量的产氢菌被生成［图5-10（c）］。

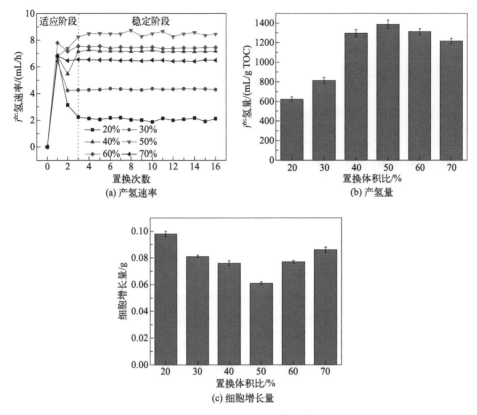

图5-10　置换体积比对半连续产氢的影响

　　置换间隔时间决定着反应器中新鲜料液补给速率和产氢菌被移出的速率，对半连续发酵有着显著的影响。在置换体积50%的条件下，在系统运行稳定后，系统的产氢速率随着置换时间的增加先增加后降低。在置换时间为12h时，系统稳定后的平均产氢速率为5.3mL/h，继续增加置换时间，产氢速率会增加，因为较短的置换时间会使处于产氢代谢高峰期的菌种置换掉，造成氢气生成速率降低，当置换时间为24h时发酵系统表现出较高的产氢速率为8.44mL/h，当置换时间高于24h时，产氢速率开始下降，因为较长的置换间隔时间会引起发酵系统中的营养物质浓度降低，同时代谢抑制物累积抑制产氢代谢的进行。在置换间隔时间为36h和48h时，平均产氢速率分别为4.34mL/h和2.57mL/h［图5-11（a）］。在置换间隔时间为24h时，获得较高的转化量为（1386.22±44.23）mL/g TOC，当置换时间为12h时，转换量最少，为（866±40.12）mL/g TOC，因为较短的置换时间造成未被利用的有机质被更换掉，底物利用不彻底，在置换时间为36h和48h时，转化量为（1021.23±46.51）mL/g

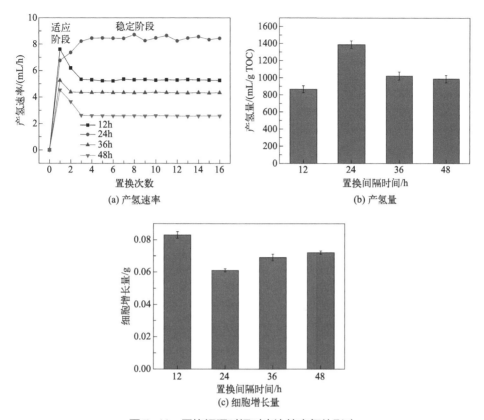

图5-11　置换间隔时间对半连续产氢的影响

TOC和（986.55±43.25）mL/g TOC，较长的置换时间造成营养物质供应不足，阻碍了产氢代谢的进行［图5-11（b）］。

在短的置换时间时，菌种大量被移出反应器，新鲜料液加入后，菌种开始迅速生长，从增长量来看，置换间隔时间为12h的菌种增长量最大，而在置换间隔时间为24h时，菌种的增长量最小，可能因为在此状态下，光合细菌少量增长，就可以达到高速产氢时所需菌种量的阈值。前面的研究也发现菌种含量高不一定获得高的产氢速率，达到所在状态菌种所需的阈值，就可以实现高速产氢，这个结果和文献[17]一致。当置换间隔高于24h时，细菌的增长量逐渐增加，因为长时间的发酵使菌种逐渐衰亡，新鲜料液的加入为菌种的繁殖提供了营养物质，所以长置换时间间隔导致菌种的增量增加［图5-11（c）］。

（2）连续产氢发酵模式

在连续发酵产氢的工艺中水力停留时间（HRT）是一项重要的运行参数，

直接影响底物在反应器中与产氢菌接触的时间，对系统的产氢效果有着直接的影响作用。产氢速率随着HRT的增加先增加后减少，在HRT为48h时，产氢速率较低，因为较长的HRT使发酵液和菌种在反应器中的停留时间较长，产生的产氢抑制物的浓度较高进而抑制产氢代谢的进行，较短的HRT也不利于氢气的释放，因为短的HRT会使底物得不到充分利用，同时大量的产氢功能菌被冲刷出去，造成产氢速率低。当HRT为24h时，发酵系统表现出较高的产氢速率，为7.65mL/h，继续增加HRT，产氢速率开始下降，合适的HRT可以有效地补充新的料液供产氢菌进行产氢代谢，同时也会对发酵液中残留的产氢抑制物进行稀释，而较长的HRT会造成有机物供应不足造成产氢代谢受到阻碍[图5-12（a）]。

随着HRT的增加，有机质转化成氢的量变大，在HRT为48h时，有机碳的转化量最大，为（1291.53 ± 40.22）mL/g TOC，因为底物与产氢菌在反应器中有着较长的接触时间，底物能得到较好利用，但是由于有机质的供应速率较慢，不能及时提供细菌产氢所需要的能量，造成产氢速率较低，在HRT为48h时的产氢速率最低，平均为4.60mL/h。在HRT为12h时有机碳的转化量最低，为（563.25 ± 21.51）mL/g TOC，因为较短的HRT造成产氢功能菌的流失以致底物和菌种不能充分反应。在HRT为24h时，有机碳的转化量为（1133.5 ± 38.52）mL/g TOC，低于HRT为48h和36h的转化率，但是此状态下有着较高的产氢速率，所以连续发酵的最佳HRT为24h [图5-12（b）]。

在不同HRT下，随着HRT的增加，菌种的增长量逐渐增大，因为水力停留时间越长，提供给细胞增长的时间越长，新鲜料液的不断补充，为细胞生长提供了能量 [图5-12（c）]。

## 5.4.2　发酵模式的调控对过渡态发酵液理化特性的影响

在半连续的发酵模式中，置换时间设置为24h，在开始阶段，发酵液中的ORP逐渐上升，后期逐渐趋于稳定状态。置换体积越大，发酵液的ORP越低，在置换体积为70%时，发酵液中的ORP处于最低的水平，为−470 ～ −430mV，因为置换体积越大，为微生物提供的碳源越多，产生的还原力越多，但是高的置换体积使产氢功能菌大量流失，造成产氢速率下降。在置换体积为50%时，发酵液中的ORP处于−455 ～ −407mV，满足了厌氧发酵的要求 [图5-13（a）]。不同置换体积发酵液中的pH的变化趋势和ORP变化趋势相同，随着置换体积的增大，发酵液中的pH逐渐降低，在置换体积为70%时，发酵液中pH呈现出较低的数值，

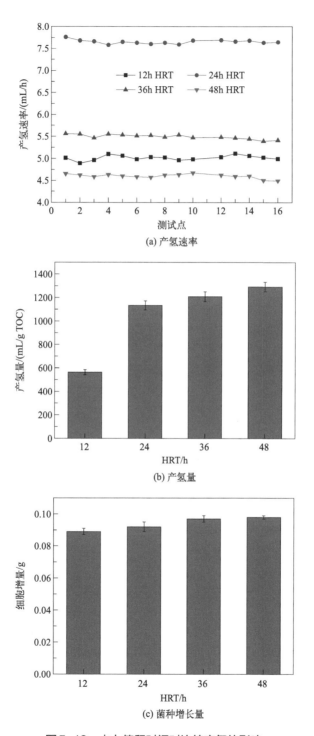

(a) 产氢速率

(b) 产氢量

(c) 菌种增长量

图5-12 水力停留时间对连续产氢的影响

为5.96 ～ 6.15，因为置换体积越大导致发酵液中的小分子酸越得不到有效利用。在置换体积为20%时，发酵液中的pH处于较高的数值，因为较低置换体积代表着较少的新鲜料液补给，在相同的发酵时间内，底物利用比较充分。在最佳置换体积50%时，发酵液的pH处于6.21 ～ 6.28，呈显著弱酸性 [ 图5-13（b）]。

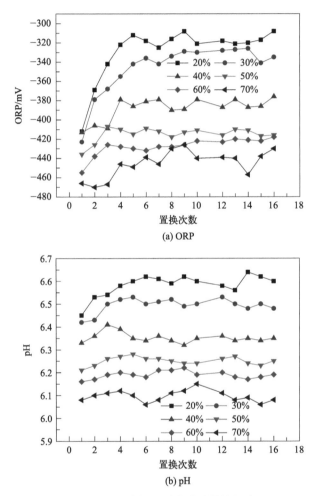

图5-13　置换体积对发酵液特性影响

在半连续发酵模式下，置换时间越短发酵液中的ORP就越低。在置换时间为12h时，发酵液ORP呈现较低的数值，为−467 ～ −441mV，而在置换时间为48h时，发酵液的ORP呈现出较高的数值，在−365 ～ −310mV。发酵液的pH的变化和ORP的变化类似，较短的置换时间的实验组的pH处于较低的数值，较长的置换时间的实验组的pH处于较高的数值，因为长置换时间下，底物中小分子酸利用比较充分（图5-14）。

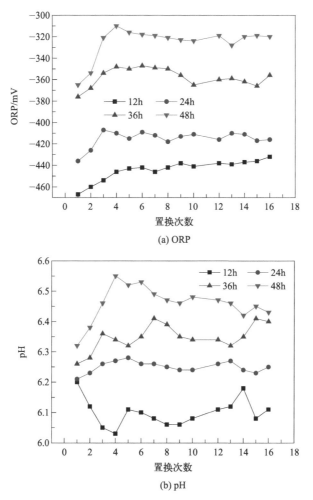

(a) ORP

(b) pH

图5-14 置换时间对发酵液特性影响

在连续发酵模式中，HRT是影响发酵的重要因素。可以看出HRT对发酵液的ORP影响比较显著，在HRT为24h时，发酵液中的ORP处于较低的数值，范围在−476 ～ −456mV，继续增加HRT，ORP数值开始上升，因为较长的HRT造成发酵液中的营养物质供应不充足，产生的还原力较少，在HRT为48h时，发酵液中的ORP的范围在−375 ～ −348mV。发酵液的pH值随着HRT的增加呈现增加的趋势，因为HRT决定了菌种和发酵液接触的时间，接触时间越长底物利用就越充分，由相关研究可知，较长的HRT下，底物的TOC转化效率高。在HRT为12h时发酵液中的pH处于最低的数值，为5.82～5.89，HRT为48h的实验组发酵液的pH处于最高值，为6.28～6.38（图5-15）。

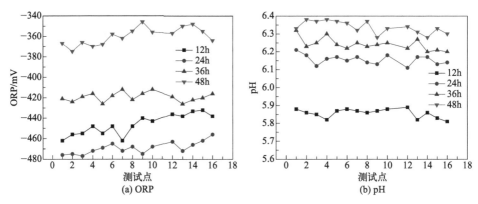

(a) ORP

(b) pH

图5-15　水力停留时间对连续发酵发酵液特性的影响

## 5.5　基于产氢动力学特性的宏观强化机理

利用修正的Gompertz和Han-Levenspiel模型从宏观上分析微量试剂的添加对暗-光联合生物制氢过渡态生物制氢的影响。

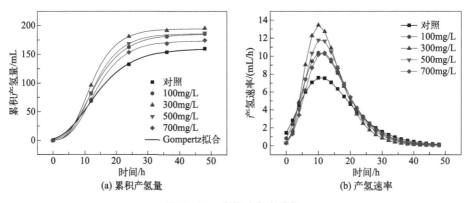

(a) 累积产氢量

(b) 产氢速率

图5-16　产氢动力学分析

采用修正的Gompertz模型对产氢数据进行拟合，最大累积产氢量（$P_{max}$）、最大产氢速率（$r_m$）以及产氢延迟期（$\lambda$）对L-半胱氨酸的添加量依赖程度比较大。在L-半胱氨酸浓度为300mg/L时，拟合累积产氢量最大，$P_{max}$达到

194.41mL，同时获得最高的产氢速率13.45mL/h（图5-16、表5-2）。产氢高峰期主要集中在 0 ～ 24h，在L-半胱氨酸的浓度为300mg/L和500mg/L时产氢速率较高。拟合曲线的$R^2$>0.9997表明数据的拟合效果比较好，从表5-2可以看出，随着L-半胱氨酸的添加，最大产氢速率先增加后降低，但添加L-半胱氨酸的实验组的产氢速率均高于不添加L-半胱氨酸的实验组。产氢延迟期随着L-半胱氨酸的增加而增加，可能由于L-半胱氨酸的添加，导致菌种前期主要进行生长代谢并分泌EPS进行凝聚，后期才进入产氢代谢阶段。

表5-2　产氢动力学变量

| L-半胱氨酸/(mg/L) | $P_{max}$/mL | $r_m$/(mL/h) | $\lambda$/h | $R^2$ | $t_{max}$/h |
|---|---|---|---|---|---|
| 对照 | 159.50 | 7.63 | 3.10 | 0.9997 | 10.79 |
| 100 | 185.16 | 10.43 | 4.21 | 0.9999 | 10.74 |
| 300 | 194.41 | 13.45 | 4.81 | 0.9998 | 10.13 |
| 500 | 186.02 | 11.89 | 5.06 | 0.9998 | 10.82 |
| 700 | 173.47 | 10.42 | 5.21 | 0.9998 | 11.34 |

利用Han-Levenspiel方程对平均产氢速率和L-半胱氨酸的浓度之间的动力学特性进行拟合，得到式（5-1）：

$$r = 13.71 \times (1 - \frac{c}{4630.87})^{3.68} \times \frac{5.49}{5.45 + 5.87 \times (1 - \frac{c}{4630.87})^{35.71}} ; \quad R^2 = 0.9899 \quad （5-1）$$

根据Han-Levenspiel公式的定义，当$m$=0或$n$<0时，体系中的反应为竞争抑制，而当$m$>$n$>0或$n$>$m$>0时，体系表现出非竞争关系。根据实验数据的拟合结果，本实验的$m$>$n$>0，表明体系是非竞争关系，即在一定的浓度范围内，平均产氢速率随着L-半胱氨酸的浓度增加而受到抑制作用逐渐增强，由式（5-1）可以看出，L-半胱氨酸的临界浓度为4630.87mg/L，即当L-半胱氨酸的浓度达到4630.87mg/L时，产氢会受到完全抑制，没有氢气的产生。

最大累积产氢量（$P_{max}$）、最大产氢速率（$r_m$）以及产氢延迟期（$\lambda$）对$Fe_3O_4$ NPs的添加量依赖程度比较大，在$Fe_3O_4$ NPs的添加量为100mg/L时，获得最大累积产氢量，$P_{max}$达到188.94mL，同时获得最高的产氢速率12.37mL/h（图5-17、表5-3）。产氢速率动力学曲线如图5-17（b）所示，产氢速率高峰期主要集中在 0 ～ 24h，最高产氢速率基本维持在 10 ～ 12h，在$Fe_3O_4$ NPs的浓度为100mg/L和150mg/L时产氢高峰期的产氢速率较高。

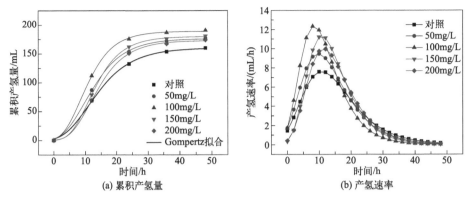

图5-17　不同浓度的$Fe_3O_4$纳米颗粒对产氢的影响

　　拟合曲线的$R^2$>0.9996表明数据的拟合效果比较好，从表5-3可以看出，随着$Fe_3O_4$ NPs的添加量增加最大产氢速率先增加后降低，产氢延迟期随着$Fe_3O_4$ NPs的添加量的增加先减少后增加，最短的产氢延迟期出现在$Fe_3O_4$ NPs添加量为100mg/L的实验组，为2.79h，最高的产氢延迟期出现在200mg/L的实验组，可能因为高浓度的$Fe_3O_4$ NPs会对产氢微生物的细胞产生破坏，产氢菌需要较长的时间适应发酵环境。

表5-3　产氢动力学变量

| $Fe_3O_4$ NPs/(mg/L) | $P_{max}$/mL | $r_m$/(mL/h) | $\lambda$/h | $R^2$ | $t_{max}$/h |
|---|---|---|---|---|---|
| 对照 | 159.50 | 7.63 | 3.10 | 0.9997 | 10.79 |
| 50 | 176.15 | 9.47 | 2.85 | 0.9998 | 9.69 |
| 100 | 188.94 | 12.37 | 2.79 | 0.9996 | 8.41 |
| 150 | 179.83 | 11.32 | 4.99 | 0.9999 | 10.83 |
| 200 | 172.86 | 9.99 | 5.05 | 0.9997 | 11.42 |

　　利用Han-Levenspiel方程对平均产氢速率和$Fe_3O_4$ NPs添加量之间的动力学关系进行拟合，得到式（5-2）：

$$r = 27.01 \times (1 - \frac{c}{1969.18})^{11.17} \times \frac{5.49}{5.45 + 17.31 \times (1 - \frac{c}{1969.18})^{33.99}} ; \quad R^2 = 0.9001 \quad (5\text{-}2)$$

　　根据Han-Levenspiel公式的定义，$m>n>0$，表明体系是非竞争关系，即在一定的浓度范围内，平均产氢速率随着$Fe_3O_4$ NPs添加量增加而受到抑制作用逐渐增强，由式（5-2）可以看出，$Fe_3O_4$ NPs 的临界浓度为 1969.18mg/L，即当 L- 半胱氨酸的浓度达到 1969.18mg/L 时，产氢会受到完全抑制，没有氢气的产生。

对 L- 半胱氨酸和 $Fe_3O_4$ NPs 添加间隔时间进行产氢动力学分析，间隔时间对累积产氢量有着显著的影响，在时间间隔为 12h 获得最高的累积产氢量，为 234.10mL，若继续增加间隔时间，累积产氢量逐渐降低 [ 图 5-18 （a）]。间隔时间超过 12h，再加入 $Fe_3O_4$ NPs 对光合菌的产氢代谢系统的促进作用有限，从之前研究可知，过长的时间间隔下固氮酶的活性增加幅度不是很显著。产氢速率动力学曲线如图 5-18（b）所示，产氢高峰期主要集中在前 24h，最大的产氢速率在时间间隔为 12h 获得，为 14.23mL/h，在发酵进行 11.43h 获得（表 5-4）。

产氢动力学拟合的 $R^2$>0.9986 表明模型的拟合效果较好，能准确地预测实验数值，从变量参数可以看出，时间间隔为 12h 时，最高产氢速率在发酵进行 11.43h 获得，此时加入 $Fe_3O_4$ NPs 提高了固氮酶的活性，拓展了产氢高峰期的时间段，因此获得较高的产氢量，而在间隔时间为 16h 和 20h 时，最高产氢速率在发酵 10.85h 和 10.25h 获得，添加间隔时间和产氢高峰期获得的时间的差距较大，导致试剂的添加促进作用不明显。

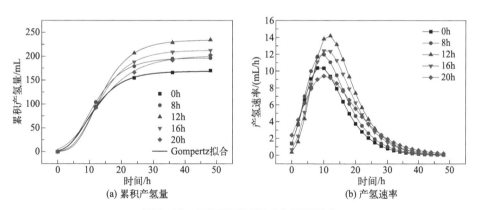

(a) 累积产氢量　　(b) 产氢速率

图 5-18　不同间隔时间对产氢的影响

表 5-4　产氢动力学参数

| 加入时间 /h | $P_{max}$/mL | $r_m$/(mL/h) | $\lambda$/h | $R^2$ | $t_{max}$/h |
|---|---|---|---|---|---|
| 0 | 168.50 | 10.49 | 3.01 | 0.9997 | 8.92 |
| 8 | 196.53 | 12.03 | 3.32 | 0.9998 | 9.33 |

| 加入时间/h | $P_{max}$/mL | $r_m$/(mL/h) | $\lambda$/h | $R^2$ | $t_{max}$/h |
|---|---|---|---|---|---|
| 12 | 234.10 | 14.23 | 5.38 | 0.9999 | 11.43 |
| 16 | 212.72 | 12.54 | 4.61 | 0.9999 | 10.85 |
| 20 | 201.11 | 9.41 | 2.39 | 0.9986 | 10.25 |

## 5.6 基于电子转移的微观强化机理分析

### 5.6.1 添加剂对过渡态电子转移的影响

（1）L-半胱氨酸的添加对电子转移的影响

在前面的描述中，宏观上可以发现微量试剂的添加可以提高氢气的产量，为了能全面了解微量试剂的添加对暗-光联合生物制氢过渡态的作用机制，这里从微观上分析底物能量的转移途径和能量转移比例。从微观上看，在发酵过程中底物电子主要转移到氢气、细胞生长、SMPs和底物残留。

L-半胱氨酸的添加对发酵过程底物电子的转移结果分析显示，在实验组中四个转移途径的电子转移的总量占初始底物携带电子总量的99.48%±0.81%，表明实验结果有着较高的准确性。随着L-半胱氨酸浓度的增加，底物电子转移到氢气的比例先增加后降低，在L-半胱氨酸添加量为300mg/L时，底物中的电子转移到氢气的比例最大，为29.95%，但是仍有18.08%的能量转移到SMPs。随着L-半胱氨酸的增加，底物电子转移到SMPs的能量先减少后增加，当L-半胱氨酸的浓度增加到700mg/L时，底物电子转移到SMPs的比例达到26.23%，导致底物电子转移到氢气的比例减少。另外发现在L-半胱氨酸的浓度为0mg/L和700mg/L时，底物中的电子转移到SMPs分别为28.60%和26.23%，两者差别不是很大，但是对照组的氢气电子比例高于后者，可能是因为过量的L-半胱氨酸会导致大量的底物能量被用来进行细胞生长代谢（图5-19）。从底物的能量转移途径来看，细胞生长和SMPs的形成占有大部分的底物能量，最终导致底物能量转移到氢气的比例减少，L-半胱氨酸在一定程度上会促进底物电子转移到氢气，但是过量的L-半胱氨酸会导致大量的SMPs生成，因为过量的L-半胱氨酸使菌种更容易团聚沉降造成细胞胞外SMPs的浓度较高诱导更多的

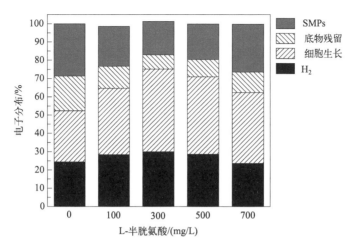

图5-19　L-半胱氨酸对底物电子分布的影响

SMPs从胞内分泌。在L-半胱氨酸浓度为300mg/L时，细胞生长占有电子的比例最大，获得最高的累积产氢量，因为有着较少的能量转移到SMPs，所以通过电子的分配比例来看，减少SMPs的生成可以提底物电子转移到氢气的量。

（2）Fe$_3$O$_4$ NPs 的添加对电子转移的影响

Fe$_3$O$_4$ NPs 的加入为Fe-S蛋白的合成提供了铁元素，促进了ATP的生成，同时Fe$_3$O$_4$ NPs 具有较好的顺磁性，是较好的电子供体的链接介质，增加了电子的转移速率。如图5-20所示，底物转移到氢气的比例随着Fe$_3$O$_4$ NPs 浓度的增加先增加后降低，在Fe$_3$O$_4$ NPs 浓度为100mg/L时，底物电子转移到氢气的比例最大，为29.24%，在Fe$_3$O$_4$ NPs 浓度为150mg/L和200mg/L时，底物电子转移到氢气的比例分别为27.68%和26.63%。同时也发现Fe$_3$O$_4$ NPs 的添加会促进底物能量转移到细胞生长，添加Fe$_3$O$_4$ NPs 的实验组，底物能量转移到细胞生长的比例高于未添加Fe$_3$O$_4$ NPs 的实验组，在浓度为100mg/L时，转移到细胞生长的能量达到最大，为38.95%。在浓度为100mg/L时，底物电子转移到细胞生长和氢气的电子比例均达到最大，因为在此条件下，底物残留和SMPs占有的底物能量比较低，分别为9.97%和19.93%。当Fe$_3$O$_4$ NPs 浓度超过100mg/L时，底物残留和SMPs占有的底物能量逐渐增加，降低底物能量转移到氢气的比例。Fe$_3$O$_4$ NPs 的添加促进了胞内的酶促反应，生成了较多的ATP供细胞进行生长代谢和产氢代谢，但是过量的Fe$_3$O$_4$ NPs 会导致大量的SMPs生成，造成底物能量的大量流失，降低了电子转移到氢气的量。

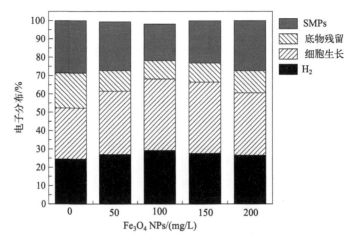

图5-20　Fe$_3$O$_4$ NPs对底物电子分布的影响

（3）L-半胱氨酸和Fe$_3$O$_4$ NPs的添加时间间隔对电子转移的影响

如图5-21所示，L-半胱氨酸和Fe$_3$O$_4$ NPs添加时间间隔对发酵过程中的电子转移结果显示转移到氢气、SMPs、细胞生长和底物残留的电子占初始底物能量的100%±0.63%，表明实验有着高度的准确性。当L-半胱氨酸和Fe$_3$O$_4$ NPs同时加入时，底物电子转移到氢气的比例最小，为24.51%，因为二者会发生螯合反应，降低了L-半胱氨酸和Fe$_3$O$_4$ NPs各自的作用机制，导致大量的底物能量残留在发酵液中，19.10%的底物电子残留在发酵液中，另外27.86%的底物电子转移到SMPs。在时间间隔为12h时，底物电子转移到氢气的比例

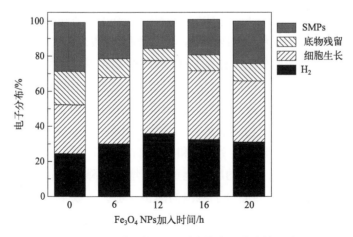

图5-21　添加时间间隔对底物电子分布的影响

最大，为35.94%，同时只有15.60%的电子转移到SMPs。较长的间隔时间会导致胞内有机物丢失过多，造成大量的底物电子浪费，在间隔时间为20h时，24.22%的底物电子转移到SMPs。因此通过控制试剂的添加时间可以有效地调节电子转移方向，进而提高氢气的产量。

## 5.6.2　发酵模式对过渡态电子转移的影响

（1）半连续发酵模式

置换体积比对电子转移到SMPs的比例有着显著的影响，置换体积比越低，SMPs占有电子比例越大，因为在低的置换体积比时，发酵液中的抑制物较多，导致细胞合成过程失去较多的可溶性有机质。在置换体积比为20%时，底物能量转移到SMPs最大，为29.15%，转移到氢气的比例最小，为11.24%，转移到细胞生长的电子能量为43.47%。另外较大的置换体积比会导致底物中的有机质得不到有效利用，随着置换体积比的增加，底物残留占有的电子比例逐渐增加，当置换体积比达到70%时，底物残留的电子比例达到30.07%，而底物电子转移到氢气的比例只有26.49%。在置换体积比为50%时，底物中的能量得到了最有效的利用，结果显示37.71%的底物电子转移到氢气，同时较低的底物能量转移到细胞生长，为22.68%［图5-22（a）］。

底物电子转移到氢气的比例随着置换间隔时间的增加先增加后降低，在置换间隔时间为24h时，底物电子转移到氢气的比例最大，为37.71%。当置换间隔时间增大，底物电子转移到细胞生长和SMPs的比例逐渐增大，导致转移到

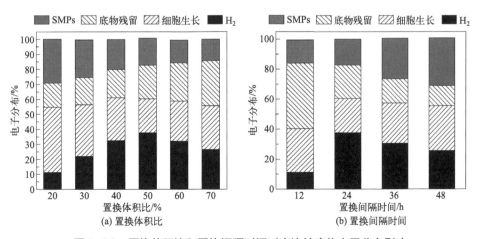

图5-22　置换体积比和置换间隔时间对半连续底物电子分布影响

氢气的能量减少，在置换间隔时间为48h时，转移到SMPs和细胞生长的电子量最大，分别为31.84%和29.86%。底物残留所占有的电子比例随着置换间隔时间的增加逐渐降低，在置换间隔时间为12h时，底物残留的电子比例最高，为43.82%，转移到氢气的电子比例最小，为11.20%［图5-22（b）］。

低的置换体积比和长的置换间隔时间都会导致大量的SMPs生成，因为菌种长时间停留在反应器中，为菌种的分裂提供了更多的机会，类似的结果也被Kim等[18]报道，污泥停留时间越久，厌氧污泥颗粒生成的SMPs越多。

（2）连续发酵模式

由图5-23可以看出随着HRT的增加，底物电子转移到氢气的比例逐渐增大，在HRT为48h时，底物电子转移到氢气的比例最大，为32.30%，同时电子转移到SMPs的比例也达到最大（26.84%），因为菌种长时间的停留，造成大量的胞内溶液丢失。虽然短的HRT可以降低电子转移到SMPs的比例，但是过低的HRT导致大量的底物得不到有效利用，造成大量能量残留在底物中，在HRT为12h时，底物残留的电子比例为54.71%。虽然在HRT为48h时，底物电子转移到氢气的比例最大，但是此条件下的产氢速率较低。

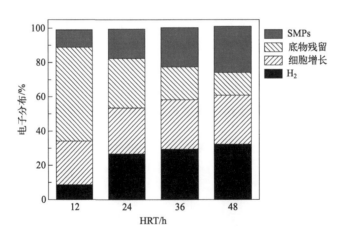

图5-23 水力停留时间对连续产氢电子分布的影响

通过对比分析不同发酵模式，可以看出发酵结束后尾液残留一定量的SMPs，这增加了后期尾液处理的工艺难度。目前很少有研究去关注发酵过程中氢气和SMPs之间的关系，但是SMPs的生成占用了大量的底物能量，降低了底物转化能力，因此通过基因技术或调控产氢菌的代谢途径来降低SMPs的生成可以提高底物的产氢性能。

# 参考文献

[1] Sağır E, Yucel M, Hallenbeck P C. Demonstration and optimization of sequential microaerobic dark- and photo-fermentation biohydrogen production by immobilized *Rhodobacter capsulatus* JP91[J]. Bioresour Technol, 2018, 250:43-52.

[2] Xie G J, Liu B F, Ding J, et al. Effect of carbon sources on the aggregation of photo fermentative bacteria induced by L-cysteine for enhancing hydrogen production[J]. Environ Sci Pollut Res, 2016, 23:25312-25322.

[3] 秦艳. 盐生盐杆菌对类球红细菌生长和产氢的影响研究 [D]. 重庆：重庆大学，2009.

[4] 段志洁. L-半胱氨酸对产乙醇杆菌 YUAN-3 产氢和生长的影响 [D]. 哈尔滨：哈尔滨工业大学，2007.

[5] Yuan Z, Yang H, Zhi X, et al. Enhancement effect of L-cysteine on dark fermentative hydrogen production. Int J Hydrogen Energy, 2008, 33:6535-6540.

[6] 谢天卉. L-半胱氨酸对细菌产氢过程的促进作用 [D]. 哈尔滨：哈尔滨工业大学，2010.

[7] Bao M D, Su H J, Tan T W. Dark fermentative bio-hydrogen production: Effects of substrate pre-treatment and addition of metal ions or L-cysteine[J]. Fuel, 2013, 112:38-44.

[8] 刘晓猛. 微生物聚集体的相互作用及形成机制 [D]. 合肥：中国科学技术大学，2008.

[9] Lee Y J, Lee D J. Impact of adding metal nanoparticles on anaerobic digestion performance - A review[J]. Bioresour Technol, 2019, 292:121926.

[10] Zaidi A A, Rui Z F, Shi Y, et al. Nanoparticles augmentation on biogas yield from microalgal biomass anaerobic digestion[J]. Int J Hydrogen Energy, 2018, 43:14202-14213.

[11] Xie G J, Liu B F, Xing D F, et al. Photo-fermentative bacteria aggregation triggered by L-cysteine during hydrogen production[J]. Biotechnol Biofuels, 2013, 6:1-14.

[12] Adiga P R, Sastry K S, Sarma P S. Amino acid interrelationships in cysteine toxicity in *Neurospora crassa*[J]. J Gen Microbiol, 1962, 29:149-155.

[13] Zhao W, Zhao J, Chen G, et al. Anaerobic biohydrogen production by the mixed culture with mesoporous $Fe_3O_4$ nanoparticles activation[J]. Adv Mater Res, 2011, 1528-1531.

[14] Reddy K, Nasr M, Kumari S, et al. Biohydrogen production from sugarcane bagasse hydrolysate: effects of pH, S/X, $Fe^{2+}$, and magnetite nanoparticles[J]. Environ Sci Pollut Res, 2017, 24:8790-8804.

[15] Doong R A, Schink B. Cysteine-mediated reductive dissolution of poorly crystalline iron( Ⅲ ) oxides by *Geobacter sulfurreducens*[J]. Environ Sci Technol, 2002, 36:2939-2945.

[16] Sharma P, Melkania U. Impact of heavy metals on hydrogen production from organic fraction of municipal solid waste using co-culture of *Enterobacter aerogenes* and *E. Coli*[J]. Waste Manag, 2018, 75:289-296.

[17] Wu Y N, Wen H Q, Zhu J N, et al. Best mode for photo-fermentation hydrogen production: The semi-continuous operation[J]. Int J Hydrogen Energy, 2016, 41:16048-16054.

[18] Kim D H, Kim M S. Semi-continuous photo-fermentative $H_2$ production by *Rhodobacter sphaeroides*: Effect of decanting volume ratio[J]. Bioresour Technol, 2012, 103:481-483.